Elektrisches und autogenes Schweißen und Schneiden von Metallen

von

Dr.-Ing. F. W. Achenbach
Berlin

und

Obering. S. I. Lavroff
ehem. Vorsteher der Techn. Abt. der Werke u. Werften in Nikolajew

Herausgegeben vom Verlag Ost-Europa

Mit 116 Text-Abbildungen
und XXI Tabellen

Berlin W
Verlag von M. Krayn
1925

Graph. Werkstätten
IGW
Universal G.m.b.H.
Berlin S 14.

Inhaltsverzeichnis.

Vorwort.

Wer sich heute mit Schweißungen befaßt, wird kaum bei einer der neueren Methoden allein verharren. Ja, es ist dringend erforderlich, daß ein richtiger Schweißfachmann eine gründliche Kenntnis aller Schweißungsarten besitzt, um die besonderen Vorteile einer jeden bei einer vorliegenden Aufgabe ausnützen zu können. Nach den Gesetzen der Wirtschaftlichkeit wird im allgemeinen diejenige Methode gewählt werden, welche Güte, Zeitersparnis und geringsten Kostenaufwand in sich vereinigt. In Sonderfällen, besonders bei Betriebsreparaturen, wird der Kostenaufwand für die Schweißung selbst zurücktreten, wofern nur der Werte schaffende Betrieb schnell wieder in Gang kommt. Wir haben es daher für richtig gehalten, die wichtigsten Schweißverfahren in einem Buche so gründlich zu behandeln, daß sowohl der praktische Schweißer, als auch der zu einer Entscheidung gedrängte Betriebsleiter, erschöpfende Auskunft findet.

Die neueren Schweißverfahren haben während des Krieges einen großen Aufschwung erfahren, da die ganze Industrie in dieser Zeit auf einer veränderten Grundlage arbeitete; die Selbstkosten der Fabrikate spielten weniger eine Rolle, das wichtigste war die Produktion an sich, aus welchem Grunde die neuen Schweiß- und Schneidverfahren während des Krieges viel angewendet und auch viel gefördert wurden. In zahlreichen Fachzeitschriften ist das gesamte Material über diese Fortschritte sozusagen chronologisch gesammelt worden. Eine genaue Uebersicht des Materials in einem Werk ist jedoch z. Zt. nicht vorhanden.

Diesen Umständen Rechnung tragend, übergeben wir das vorliegende Werk den Fachkreisen und hegen die Hoffnung, von dort für unsere Weiterarbeit neue Anregung zu erhalten. In voller Dankbarkeit erinnern wir uns hierbei der namhaften Unterstützungen, die wir gefunden haben von seiten der A.E.G., der Siemens-Schuckert-Werke, der Chemischen Fabrik Griesheim Elektron, des Dräger-Werkes in Lübeck, der Fernholz-Apparate-A.-G., der Kjellberg Elektroden-Gesellschaft, der Heylandt-Gesellschaft, Berlin, vom Verbande Deutscher Dampfkessel- und Apparatebauanstalten (G.K.W.) und vieler Fachgenossen durch Ueberlassung von Material, Klischees und Erfahrungen.

Januar 1925.

Achenbach. Lavroff.

I. Einleitung.

1. Allgemeines über Schweißen.

In den „Grundlagen für eine Gemeinschaftsarbeit über Schweißen und Schweißbarkeit“ ist folgende Definition des Schweißens gegeben:

„Man versteht unter „Schweißen“ eine Zusammenfügung zweier ähnlich zusammengesetzter Stoffteile derart, daß die Verbindungsstelle mit den beiderseits benachbarten Teilen ein möglichst homogenes (gleichartiges) Ganze bildet. Man unterscheidet in der Hauptsache zwischen Preß-Schweißung, bei der die Zusammenfügung der beiden Stoffteile unter Anwendung von Druck im teigigen Zustande vor sich geht, und Schmelz-Schweißung, bei der sich die Vereinigung in flüssigem Zustande der Schweißstelle, im allgemeinen ohne Anwendung von Druck und mit oder ohne Hinzufügung neuen Werkstoffes, vollzieht.“

Das Schweißen beruht auf der Eigenschaft der Metalle, sich zu verbinden, wenn die Oberflächen auf Molekularabstand einander genähert sind. Diese Verbindung ist schwierig wegen der Unmöglichkeit, die Oberflächen so genau zu bearbeiten, daß diese auf Molekularabstand einander genähert werden können; außerdem befindet sich nach den Beobachtungen von Saussure, Quincke u. a. an der Oberfläche eine verdichtete Gasschicht, die der Vereinigung widerstrebt. Das Entfernen dieser Gasschichten erfolgt am einfachsten durch Erhitzung, die zugleich auch die plastischen Eigenschaften der Metalle vergrößert. Einige Metalle, wie z. B. Stahl, Schmiedeeisen, Nickel, besitzen auch die Eigenschaft, sich in einen knetbaren Zustand versetzen zu lassen. Aber noch eine Bedingung ist dabei zu erfüllen, und zwar müssen die zu vereinigenden Flächen vollkommen rein und frei von irgendwelchen Fremdkörpern sein, denn solche hindern Annäherung bis auf den Abstand der Massenteilchen. Um bei dem Anwärmen teils Oxydationen, d. h. Verbindung des Metalles mit Sauerstoff, teils Anreicherung der Schweiße mit Stickstoff zu verhindern, sollen sogenannte Flußmittel benutzt werden. Die Art des jeweils zweckmäßigen Flußmittels hängt von der zur Anwendung gelangenden Schweißungsart ab und wird bei den betreffenden Kapiteln erläutert werden.

2. Die Eigenschaften der schweißbaren Metalle.

Schmiedeeisen und Stahl haben die größte Schweißbarkeit. Die Anwendung der neuen Schweißverfahren, bei welchen die Verbindung der Teile sich bei hoher Temperatur vollzieht, hat die Möglichkeit gegeben, das Schweißen auch auf andere Metalle zu erstrecken. In folgender Tabelle sind die wichtigsten Metalle angegeben nebst dem spezifischen Gewicht, der spezifischen Wärme, den Schmelz- und Siedepunkten.

Tabelle I*).

	spez. Gew.	spez Wärme	Schmelzp.	Siedepunkt
Schmiedeeisen	7,86	0,1160	1500—1600°	2450°
Stahl	7,8	0,1185	1350—1500°	2200°
Gußeisen	7,25	0,1298	1050—1350°	1820°
Kupfer	8,93	0,0952	1083°	2300°
Aluminium	2,65	0,2143	657°	1800°
Blei	11,3	0,0314	327°	1525°
Nickel	8,8	0,1092	1452°	2340°

Das wichtigste Metall ist das **Schmiedeeisen**, das in Stahl (Schweißstahl oder Flußstahl, je nachdem, ob in teigigem oder flüssigem Zustande hergestellt) und in Schmiedeeisen (Schweiß- oder Flußeisen) eingeteilt wird. Das schmiedbare Eisen wird im Puddelofen in teigigem Zustande hergestellt (Schweißeisen 0,05—0,25 %, Schweißstahl 0,25—1,5 % Kohlenstoff) oder flüssig erzeugt (Flußeisen oder Flußstahl). Auf die letztgenannte Art entstehen je nach dem Herstellungsprozeß: Bessemer-, Thomas-, Siemens-Martin-, Tiegel- und Elektrostahl. Außer Kohlenstoff enthalten die schmiedbaren Eisensorten noch nützliche oder schädliche Begleiter: Mangan

*) S. auch Seiten 166, 167.

(unter 1,1 %), Silizium (unter 0,6 %), Phosphor (unter 0,1 %) Schwefel (je nach dem Mangangehalt bis 0,08 %). Ein Gehalt von kaum 0,1 % Sauerstoff macht das Eisen faulbrüchig d. h., es reißt kalt oder warm unter dem Hamerschlag. Phosphorhaltiges Schmiedeeisen ist in kaltem Zustande brüchig (Kaltbruch), während der Schwefelgehalt Rotbrüchigkeit (bei Glühhitze) bedingen kann. Die Schweißbarkeit des Eisens wächst mit seiner Reinheit; jedoch ermöglichen die modernen Schweißverfahren die Vereinigung von Eisensorten wesentlich stärkerer

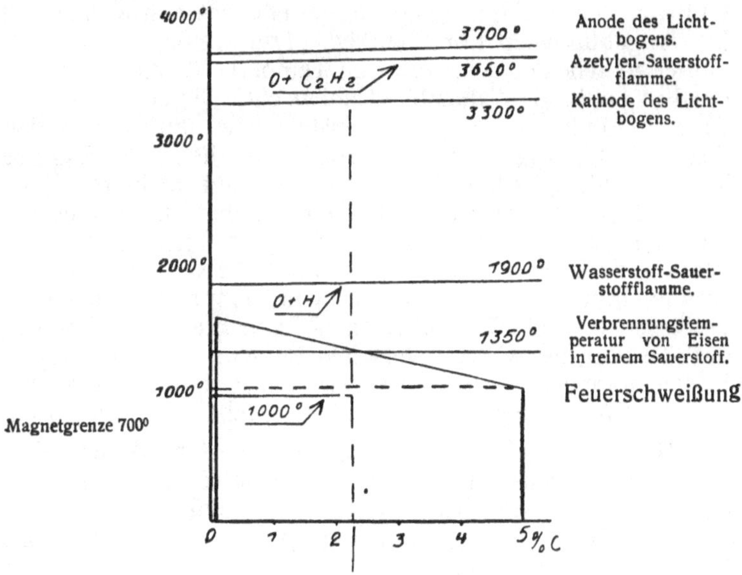

Abbildung 1. Temperaturdiagramm.

Beimischungen. Diegel faßt seine Untersuchungen über antogen zu schweißende Bleche wie folgt zusammen: Kohlenstoff 0,06 – 0,15 %, Silizium unter 0,2 %, Mangan 0,4 %, Phosphor und Schwefel unter 0,05 %.

Schmiedeeisen und Stahl mit mäßigem Kohlenstoffgehalt (bis 0,7 %) sind gut schweißbar. Darüber hinaus sinkt die Schweißbarkeit. Stahl ist zudem in höherem Maße gegen Verbrennung empfindlich und erfordert daher vorsichtigere Anwärmung. Stahl mit einem Kohlenstoffgehalt über 1 % ist schwer schweißbar.

Stahlguß von mäßigem Kohlenstoffgehalt läßt sich ebenso gut schweißen wie die schmiedbaren Eisensorten. Schweißspannungen erträgt Stahlguß infolge seiner höheren Festigkeit und Zähigkeit wesentlich besser als Gußeisen.

Schmiedbarer Guß. Zu seiner Erzeugung wird die Gußware aus weißem Eisen hergestellt, das den Kohlenstoff in der gebundenen Form enthält. Das weiße, sehr spröde Gußeisen scheidet beim Erhitzen Temperkohle aus, die leicht oxydiert, d. h. als Kohlenoxyd entweicht. Die Gußware wird daher in Glühtöpfen mit Roteisenstein usw. umgeben, sodaß diese Umhüllung ihren Sauerstoff an die sich bildende Temperkohle abgeben kann. Im Verlauf mehrerer Tage Glühens bildet sich schmiedbarer Guß, der jetzt hämmerbar und zähe ist. Hat die Zeit des Temperns nicht genügt, so geht die Entkohlung nur an der Oberfläche vor sich, während sich im Innern ein dunkler Kern von Temperkohle haltigem Gußeisen bildet. Wie zu ersehen, kann die Schweißbarkeit des Tempergusses sehr verschieden sein. Bei niedrigem Kohlenstoffgehalt schweißt er sich so gut wie Eisen, bei hohem Kohlenstoffgehalt gleicht er mehr dem Gußeisen.

Gußeisen wird aus grauem Roheisen durch Umschmelzen hergestellt. Der Kohlenstoff wird in Abhängigkeit von der Schnelligkeit der Abkühlung und der Art der Beimischung, teils amorph gebunden oder als Graphit ausgeschieden.

Um das Verständnis der verschiedenen Schweißungsarten zu erleichtern, seien die hauptsächlichsten Beimischungen und Verunreinigungen des Gußeisens und ihre Einwirkung auf die Eigenschaften desselben kurz gekennzeichnet.

Kohle löst sich in geschmolzenem Eisen auf. Wird der Guß schnell abgekühlt, so bleibt die verbundene Form erhalten. Es bildet sich feinkörniges und sehr hartes, sprödes

Eisenkarbid. Wird das geschmolzene Gußeisen dagegen langsam abgekühlt, so trennt sich die Kohle in Form von flockigen Graphitteilchen von dem Eisen. Dieses graphitische Gußeisen ist bekanntlich sehr weich und kann leicht bearbeitet werden. Das Gebrauchsgußeisen ist eine Mischung dieser beiden extremen Eisensorten. Der Graphit im Gußeisen wirkt wie ein Fremdkörper und behindert daher auch beim Schweißen die Bindung zwischen Gußstück und Schweißgut; andererseits ist die gelöste Kohle in der Außenkörnung (Gußhaut) so fein verteilt, daß eine gute Amalgamierung beim Schweißen nie behindert wird. Es lassen sich daher die Gußstücke meist sehr gut an der Oberfläche schweißen, da die abgeschreckte Gußhaut aus Karbideisen besteht. Die Schwierigkeiten treten erst hervor, wenn sich die Schweißung mehr in die Tiefe eines Gußquerschnittes erstrecken soll.

M a n g a n (meist 0,5–1%) befördert die Bildung des Kohlenstoffes in amorphem Zustand, d. h. es begünstigt die Bildung des weißen, karbidischen Roheisens und oxydiert leicht. Es hat also für das Schweißen eine nachteilige und eine vorteilhafte Eigenschaft, indem es einmal eine harte Schweißung begünstigt, das andere Mal aber die in gasförmigem oder weißglühendem Zustand befindlichen Eisenteile vor Sauerstoffaufnahme schützt.

S i l i z i u m (meist 1–3%) unterstützt die Bildung von graphitischem Gußeisen. Ein angemessener Siliziumgehalt ist daher vom Standpunkt der Erzielung einer weichen Schweiße erwünscht, um so mehr, als auch das Silizium desoxydierend auf das Schweißgut wirkt. Die Siedetemperatur des Siliziums liegt verhältnismäßig niedrig, weshalb es leicht unter der hohen Schweißtemperatur verdampft. Es soll daher genügender Ersatz dieses Begleiters verfügbar sein, damit die Bildung des Graphits nicht behindert und die Schweißstelle nicht hart wird.

S c h w e f e l, P h o s p h o r und S a u e r s t o f f sind unerwünschte Beimengungen. Schwefel behindert die Dünnflüssigkeit und damit das Ausscheiden von Schlackenteilen beim Schweißen und vermindert die Bindung der Kristalle. Phosphor vergrößert zwar die Dünnflüssigkeit, vermehrt aber auch die Sprödigkeit und ist jedenfalls die Ursache zu manchen Fehlschlägen beim Schweißen. Besonders bei alten Gußstücken glaubt man die mangelhafte Schweißbarkeit auf die Anwesenheit von Schwefel und Phosphor zurückführen zu können. Sauerstoff umhüllt die Metallkristalle mit einer trennenden Haut; er vermindert daher die Festigkeit, und zerstört außerdem den Graphit im Gußeisen. Das im Eisen enthaltene Sizilium verwandelt er in Kieselsäure, welche ebenso wie der oxydierte Graphit ein Verschweißen der Eisenbestandteile erschwert.

Gußeisen ist ein sprödes weder schmiedbares noch am Feuer schweißbares Material. Die Aufgabe, Gußeisen zu schweißen, konnte erst mit Hilfe der hochtemperaturigen Schweißverfahren gelöst werden.

Hartguß, der durch das Gießen in eisernen Formen hergestellt wird, hat Eigenschaften, die dem Gußeisen ähnlich sind. Eine Oberflächenhärtung behindert das Schweißen stark infolge der in der Oberfläche latent vorhandenen besonders hohen Spannungen, die beim Schweißen frei werden können, weshalb mit Fehlschlägen zu rechnen ist.

Um einen Ueberblick der Schweißverhältnisse verschiedener Eisensorten zu geben, ist auf Abbildung 1 der Kohlenstoffgehalt als Abszissen und die zum Schmelzen nötigen Temperaturen als Ordinaten aufgetragen. Die entstandene Kurve gibt für jede Eisensorte die Schmelztemperatur an. In das gleiche Diagram sind die Temperaturen der Schweißflammen und auch der Anode und Kathode des Lichtbogens eingetragen, um einen Vergleich mit dem Wärmebereich der übrigen Schweißungsarten zu erhalten. Wie aus diesem Diagram zu ersehen ist, liegt die Temperatur der Feuerschweißung wesentlich unter derjenigen des Schmelzflusses der metallurgischen Prozesse, während die neueren Schweißverfahren in Temperaturen vor sich gehen, die um ein Vielfaches höher sind und sogar den Siedepunkt des Eisens wesentlich übertreffen. Die hier zur Verfügung stehende überschüssige Wärme bewirkt zweierlei: zunächst löst sie das Gefüge des Eisens an der Schweißstelle vollkommen auf, es verdampft, mischt sich mit dem Zusatzmetall des Schweißstabes und schlägt sich als Füllmaterial wieder nieder. Auch die Ränder der Schweißstelle werden flüssig, geraten ins Kochen und Brodeln, und es bewirkt so die überschüssige Wärme das, was bei Preßschweißung die mechanische Arbeit des Hämmerns oder Knetens vollbringen muß.

Kupfer und seine Legierungen sind gut schweißbar nach neueren Verfahren. Die Schwierigkeiten beim Schweißen des Kupfers liegen in der Eigenschaft des Kupfers, sich in erhitztem Zustande mit dem Luftsauerstoff zu Kupferoxyd von schwarzer Färbung zu verbinden. Es müssen auch die große Leitfähigkeit für den elektrischen Strom und die Wärme beachtet werden, welche Eigenschaften beim Schweißen Schwierigkeiten verursachen können.

Aluminium ist gut schmied- und hämmerbar. Wie das Kupfer besitzt es eine große Wärmeleitfähigkeit. Seine Verwandtschaft zum Sauerstoff erschwerte das Schweißen des Aluminiums stark, da das sich außerordentlich rasch bildende Aluminiumoxyd einen höheren Schmelzpunkt (etwa 3000 Grad) hat als das Aluminium selbst.

3. Die älteren Schweißverfahren.

Die sogenannte Feuerschweißung von Schmiedeeisen und Stahl ist schon von alten Zeiten her bekannt. Bei diesem Verfahren werden die zu vereinigenden Teile unter Anwendung von Flußmitteln auf dem Feuer erwärmt. Sobald die Schweißtemperatur erreicht ist, werden die Werkteile durch Hämmern auf dem Amboß vereinigt. Dieses Verfahren ist eigentlich eine Schmiedearbeit. Da die Festigkeit der Verbindung von dem Schmieden abhängt, so haben diese Erzeugnisse Eigenschaften, die einem Schmiedestück eigen sind.

Seit Ende der achtziger Jahre wird das Wassergas-Schweißen angewendet. Wassergas, dessen brennbare Bestandteile Wasserstoff und Kohlenoxyd sind, entsteht durch Leiten von Wasserdampf über glühenden Koks. Wassergas wird mit Luft in Brennern gemischt und ergibt eine Stichflamme von etwa 1800° C. Die Luftmenge ist so bemessen, daß nur ein Teil der zur vollkommenen Verbrennung des Wassergases erforderlichen Sauerstoffmenge zugeführt wird, um die Oxydation an der Schweißstelle möglichst zu vermeiden. Unter Einwirkung der Wassergasflamme kommen die Platten auf Schweißhitze und werden dann durch Hämmern oder durch Pressen verbunden. Die Schweißnähte fallen sehr sauber aus und haben eine große Festigkeit. Dieses Verfahren wird für Bleche von 8 mm Dicke aufwärts angewendet, da dünnere Bleche leicht verbrennen. Wegen der Kosten wird das Verfahren nur bei Herstellung wichtiger Teile angewendet, wie z. B. bei Feuerbüchsen und glatten und gewellten Flammrohren für Kessel.

Die Thermitschweißung beruht auf der Beobachtung, daß bei der Entzündung eines Gemisches von Eisenoxyd und Aluminiumpulver eine hohe Temperatur, bis 3000° C., entsteht. Hierbei bildet sich dann dünnflüssiges Schmiedeeisen (Thermiteisen) und flüssige Schlacke (Aluminiumoxyd). Die Thermitschweißung ist teils ein Preß-, teils ein Gießverfahren. Als Preßverfahren wird sie zum Schweißen von Rohren und Straßenbahnschienen angewendet, wobei die zu verbindenden Teile in einer zweiteiligen Form aus Gußeisen oder Chamott eingebettet sind. Die feuerflüssige Thermitmasse, in besonderen Tiegeln entzündet, gießt man alsdann unter kräftigem Gegeneinanderpressen der Schweißenden in den Trichter der Form. Das Thermitverfahren kann im allgemeinen bei großen Stärken der zu schweißenden Teile angewendet werden.

Als Gießverfahren wird die Thermitschweißung zur Ausbesserung von Gußfehlern oder defekten Gußteilen verwendet. Das Thermiteisen wird in besonderen Tiegeln vorbereitet und in den Trichter der Form, in welcher der auszubessernde Teil eingeformt ist, gegossen.

Es sei eine Abart der Schmelzschweißung erwähnt, die keine große Verwendung gefunden hat, in prinzipieller Hinsicht jedoch interessant ist: das Schweißen mit flüssigem Metall, das auf gewöhnlichem Wege, d. h. durch Schmelzen im Ofen, hergestellt und überhitzt wird. Das Verfahren der Schweißung selbst ist der Thermitschweißung ähnlich.

II. Lichtbogenschweißung.

1. Allgemeines.

Die Elektrizität wurde zu Schweißzwecken erstmals von dem russischen Ingenieur Benardos im Jahre 1880 angewendet, der zu diesem Zwecke den Lichtbogen zwischen dem Schweißstück und einer Kohlenelektrode zog. Im Jahre 1890 hat Slavianoff die Metallelektroden-Lichtbogenschweißung eingeführt und von 1890—92 bei den Werken Motowilicha bei Perm über 1600 Schweißreparaturen ausgeführt.

Der Lichtbogen hat eine Temperatur von ungefähr 3700° C.; bei der Verwendung von Gleichstrom ist die Temperatur der Kathode um 400° C. niedriger als diejenige der Anode. Da bei der intensiven Wärmeentwicklung das Material in einen hochflüssigen, siedenden Zustand gerät, ist dieses Verfahren eigentlich ein Elektrogießverfahren, bei welchem geringe Mengen des geschmolzenen Metalls für die Verbindung der Teile verwendet werden. Die Spannung beim Schweißen beträgt 10—65 Volt, die Stärke des Stromes ist je nach der Größe der zu verbindenden Teile 50—1000 Ampere. Man verwendet im allgemeinen Gleichstrom, in letzter Zeit jedoch auch Wechselstrom. Bei diesen Schweißarten wird der eine Pol des Stromkreises zu den zu verbindenden Teilen geführt, während der andere Pol — der Schweißpol — durch eine Kohlenelektrode (Benardos-Verfahren) oder eine Metallelektrode (Slavianoff-Verfahren) gebildet wird.

2. Verfahren von Benardos.

Beim Benardos-Verfahren werden in dem Lichtbogen Zusatzmetallstäbchen niedergeschmolzen, wobei das Metall zwischen die zu verbindenden Teile fließt, bis die Schweißstelle ausgefüllt ist. Da bei diesem Verfahren im Schweißgut eine starke Kohlenstoffansammlung infolge Elektrolyse der Kohleelektroden erfolgt, ist es nur in solchen Fällen anzuwenden, wo eine Zunahme der Härte der Schweißstelle ungefährlich ist, z. B. bei der Fabrikation von Eisenfässern, Schweißung von Schienen (s. Abb. 2) und Ausbesserung von Gußstücken.

Der Kohlenlichtbogen darf nicht zu kurz gehalten werden (nicht unter 25 mm Länge), damit dem Sauerstoff der Luft

Abbildung 2. Schienenschweißung nach Benardos.

Gelegenheit gegeben ist, die nach dem Schweißstück wandernden Kohlenstoffteilchen aufzuzehren.

3. Verfahren von Slavianoff.

Beim Slavianoff-Verfahren wird der eine Schweißpol durch einen Metallstab gebildet, und das flüssige Metall spritzt unmittelbar in die Schweißstelle. Dieses Verfahren hat ein großes Anwendungsgebiet gefunden für die Reparatur von Gußstücken, die Schweißung von Blechen und für Konstruktionen jeder Art, wie Schiffsschweißungen, Kesselschweißungen usw. Man unterscheidet kalte und warme Lichtbogenschweißung, je nachdem die zu schweißenden Teile in kaltem Zustand oder vorgewärmt geschweißt werden.

Beim Kaltschweißen braucht man im allgemeinen eine Stromstärke von 50–200 Amp. bei 18–30 Volt Schweißspannung. Bei Warmschweißung erhöht sich die Stromstärke auf 400–1000 Amp. bei 40–65 Volt Spannung.

Bei der Kaltschweißung, die für Blech und Profileisen angewendet wird (auch für Schweißung von Gußstücken in den Fällen, wo Vorwärmung unmöglich ist), wird die Elektrode durch einen Eisendraht von 2–6 mm Durchmesser gebildet.

Abbildung 3. Schiffsschweißung nach Slavianoff.

Das bei Kaltschweißung eingetragene Metall hat eine Zusammensetzung und ein Gefüge, das sich von dem Grundmetall unterscheidet, wie metallographisch nachgewiesen werden kann.

Abbildung 4 zeigt ein Gefüge (Ferrit), das Nitritnadeln in Form von Zwillingsstreifung enthält. Nitritnadeln erscheinen in dem Falle, wo die Probe ausgeglüht ist. Keinesfalls besagt

×200

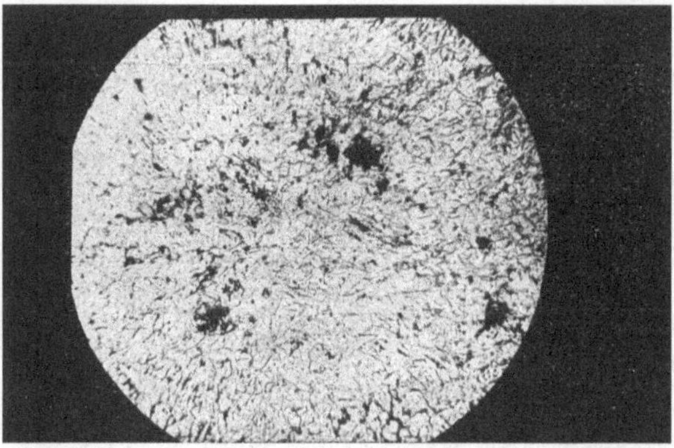

Abbildung 4. Nitritnadeln und Schlackennester im Ferritgefüge.

das Nichtvorhandensein der Nadeln, daß Stickstoff fehlt. Auf Abbildung 5 sind große Körner ersichtlich, die in einer starken Schweiße infolge zu großer Wärmezufuhr entstanden

×200

Schweiße

Blech 20 mm

Abbildung 5. Großkörniges Gefüge infolge Ueberhitzung.

sind, da diese infolge der großen Wärmeleitfähigkeit des Eisens sehr schnell erstarrt ist. Auch im Falle rascher Abkühlung der Schweiße treten Nitritnadeln auf. Auf Ab-

×200

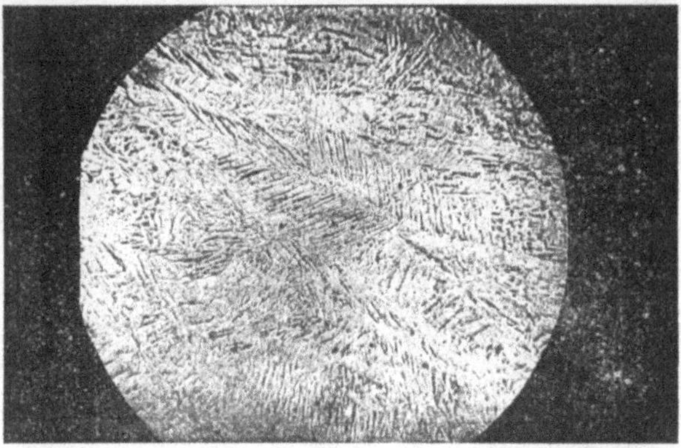

Abbildung 6. Nadeliges Gefüge infolge rascher Abkühlung der Schweiße.

bildung 6 ist ein nadeliges Gefüge gezeigt, das eine Folge zu rascher Abkühlung der eingetragenen Schweiße ist (nur bei dünnen Blechen). Die Wittmannstättensche Struktur,

×200

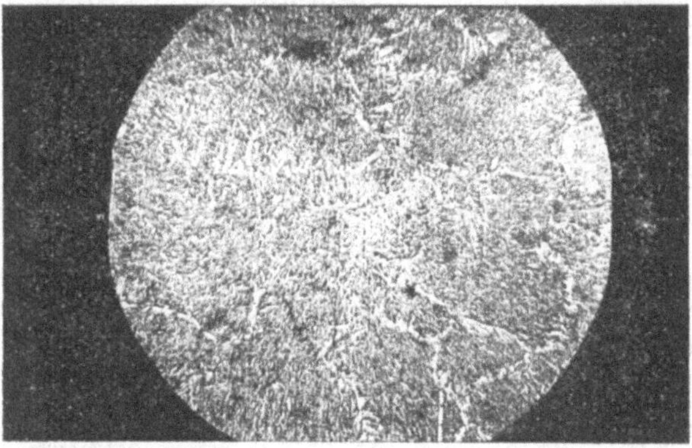

Abbildung 7. Wittmannstättensche Struktur.

Bild 7, ist vor allem in Schweißen von mittleren Querschnitten vorhanden, da ihre Entstehung durch langsame Abkühlung bedingt ist. Das Auftreten des Wittmannstättenschen Gefüges

×200

Schweiße

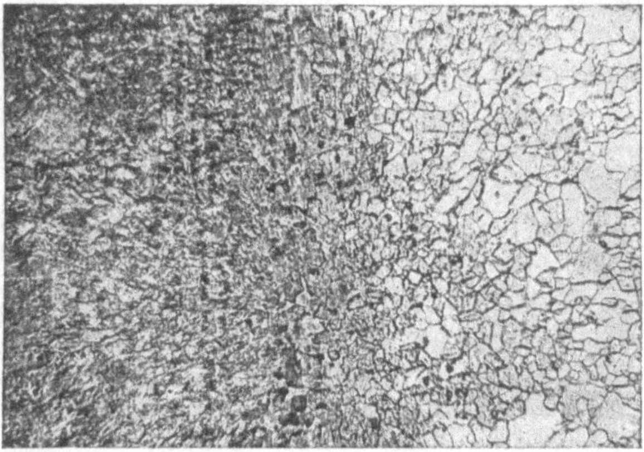

Blech

Abbildung 8. Gute Schweißung.

wird gewöhnlich als Zeichen der Brüchigkeit angesehen. Auf Abbildung 8 ist ein gutes Gefüge der Schweiße gezeigt, das beim Schweißen von großen Querschnitten vorhanden zu sein pflegt, wo die Grenze des verschweißten Bleches kaum unterschieden werden kann.

4. Warmschweißung.

Bei der Warmschweißung baut man über das betreffende Gußstück zunächst eine Form aus Ziegelsteinen, die durch eine rohe Blechverkleidung und Laschenverschraubung mit dem Gußstück vereinigt wird. Den so geschaffenen Hohlraum stampft man mit Formsand aus und arbeitet die Form des anzuschweißenden Stückes ein. Die eigentliche Form wird durch Kohlen- und Graphitplatten hergestellt. Dieselben lassen sich leicht mit der Feile formgerecht bearbeiten. Nachdem das Stück so vorbereitet ist, wird es auf Rotglut (800° C.) angewärmt. Die Anwärmung soll langsam erfolgen, und es soll darauf geachtet werden, daß die Schweißstelle leicht zugänglich ist. Nach dem Vollschweißen der Form mit siliziumreichen Gußeisenstäbchen deckt man die Schweißstelle sofort wieder ab und legt Feuer auf. Der Gußkörper soll langsam erkalten, was bei schweren Stücken oft einige Tage dauert.

Eine solche Warmschweißung gibt eine Gewähr für das gute Gelingen der Schweiße, da die Abschreckung des Niederschlagmetalles auf der Schweißfläche vermieden wird, und schädliche Spannungen durch langsames Abkühlen ausgeglichen werden. Die Schweißstelle zeigt einen grauen Bruch, was bekanntlich für ein weiches, leicht bearbeitbares Gußgefüge spricht, da ungestörtes Abkühlen die Bildung von graphitischer Kohle fördert. Die Warmschweißung hat also den Vorteil, sowohl das Abschrecken des Füllmaterials zu vermeiden, als auch seine Umwandlung in feinkörniges Eisen erster Qualität zu begünstigen.

Das Warmschweißverfahren eignet sich auch zum nachträglichen Angießen von vergessenen oder verloren gegangenen Stücken. Bei sachgemäßer Verwendung der Warmschweißung kann auch die Gießerei schwierig zu gießende Gußstücke in einfache Gußstücke zerlegen und sie nach der Warmschweißungsmethode verbinden.

5. Elektroden.

Bei der Kaltschweißung gelangen Eisenelektroden zur Niederschmelzung, die in drei Ausführungen verwendet werden:

a. nackte Schweißstäbe,
b. umhüllte Schweißstäbe
c. bewickelte Schweißstäbe

a) Die erste Art besteht aus erstklassigem Siemens-Martineisen, möglichst kohlenstoffarm, von rost- und ölfreier Oberfläche, in Stärken von 2—6 mm. Solche Drähte, die man auch selbst von den gelieferten Ringen zuschneiden kann, werden in Längen von 300—400 mm zum Schweißen von Blechen und Profileisen angewendet. Die gute Schweißbarkeit dieser Drähte wird am besten durch Probeschweißung ermittelt, da man heute noch nicht auf Grund der Analyse des Metalls allein die gute Schweißbarkeit ausmachen kann.

Neese gibt bewährtem Schweißdraht die folgenden Analysen:

1) 0,04% C, 0,50% Mn, 0,040% P, 0,030% S, Sp. Si.
2) Draht der Firma Krupp, Marke NW: 0,04 C, 0,11 Mn, 0,010 P, 0,03 S, Sp. Si.
3) 0,07% C, 0,47% Mn, 0,082% P, 0,054% S, Sp. Si.

Wie aus diesen Analysen hervorgeht, ist ein gewisser Gehalt an Zusatzstoffen erforderlich, um durch deren mechanische Wirkung beim Verdampfen die Eisenteilchen in beschleunigter Bewegung nach der Schweißstelle hinüber zu schnellen. Ganz reiner Eisendraht würde lediglich in Tropfen abfließen und mit den Schweißoberflächen keine innige Verbindung eingehen.

b) Die umhüllten Schweißstäbe*) sind an der Oberfläche mit leichten Pasten versehen, welche aus nicht leitenden, mehr oder minder schwer schmelzbaren, desoxydierenden Flußmitteln bestehen. Solche Materialien sind: Borax, Borsäure, Blutlaugensalz, Schlemmkreide, Glaspulver, Wasserglas, Aluminium, Kohlenpulver etc. Die direkte chemische Einwirkung dieser Umhüllung auf die Schweißstelle ist eine geringe, dagegen besteht ein doppelter indirekter Vorteil, indem die hinüberwandernden Teile der Hülle dem fein verteilten Eisen des Lichtbogens einen Schutz gegen Oxydation und Stickstoffanreicherung gewähren und die Richtung des Lichtbogens stabilisieren, da seine Masse um diejenige der hinüberwandernden Schlackenteilchen vermehrt wird, und die vorstehenden Ränder des sich bildenden Schlackenkraters die abschmelzenden und verdampfenden Schmelztropfen besser zusammenhalten. Die Meinung Neese's, daß das Gefüge der Schweiße durch die Umhüllung garnicht verbessert wird, scheint mit den in letzter Zeit gemachten Erfahrungen nicht mehr im Einklang zu stehen. Das ergibt sich aus dem Vergleich der verschiedenen Strukturbilder, die mit Schweißstäben verschiedenartiger Umhüllung gemacht wurden**). Umhüllte Elektroden erleichtern dem Schweißer das Halten des Lichtbogens und bieten einen unbedingten Vorteil für die Ausführung von Ueberkopfschweißungen, da der abschmelzende

*) Eingeführt von Ingenieur O. Kjellberg im Jahre 1908.

**) s. z. B. die Gefügebilder von E. Höhn, Literaturverzeichnis Nr. 4.

und verdampfende Tropfen in dem Krater der Umhüllung besser nach oben gebracht werden kann. Auch für die Ausführung von Kaltgußschweißungen hat die umhüllte Elektrode ihren Vorteil.

c) Die bewickelten Elektroden,*) bei welchen der Eisenstab mit einem Asbestfaden umwickelt ist, der einen dünnen Aluminiumdraht parallel dem Eisendraht einschließt. Beim Abschmelzen bildet sich eine sehr reichliche Asbestschlacke, die später jedesmal sorgfältig mit Meißel und Hammer zu entfernen ist. Der Aluminiumdraht soll die Oxydation des Eisens noch weiter verhindern; jedoch kann er auch eine schädliche Wirkung ausüben, weil Aluminium das Eisen dickflüssig macht. Die Erfahrung, besonders im Ausland, scheint aber bewiesen zu haben, daß diese Wirkung durch die Ueberhitzung des Schmelzgutes im Lichtbogen aufgehoben wird. Auch E. Höhn betont in seinem Bericht „Ueber die Festigkeit elektrisch geschweißter Hohlkörper", der die neuesten Versuche des Schweizerischen Vereins von Dampfkessel-Besitzern enthält, die hervorragende Festigkeit und Dichtheit der elektrisch geschweißten Nähte, die fast ausschließlich mit Quasi-arc Elektroden ausgeführt waren. Hierauf deutet auch die eigentümliche Schaltung, nämlich Anschluß der Quasi-arc Elektrode an den heißen Plus-Pol, was eine gute Schmelzung des Asbestes und Erhöhung der Flüssigkeit der Eisen-Aluminiummischung bewirken soll**). Die gleiche Schaltung war auch für die anderen Elektroden beibehalten. Vielleicht ist es hierdurch zu erklären, daß manche seiner Proben in Bezug auf Zähigkeit nicht befriedigt und zu harten Schweißungen geführt haben. Nach der Analyse der «Institution of civil Engineers» London, ist die chemische Zusammensetzung der Quasi-arc Schweißstäbe die folgende:

C 0,136   Si 0,110   S 0,030   P 0,015   Mn 0,350 %

Bei Gußeisenwarmschweißung werden Gußeisenelektroden von 8—15 mm Dicke und Länge von 500—800 mm eingeschmolzen. Sie sollen siliziumreich sein, um das Ausbrennen des Siliziums aus dem Gußstück auszugleichen.

---

*) Die unter dem Namen „Quasi-arc Elektroden" bekannt sind.
**) E. Höhn bemerkt, daß bei seinen Versuchen in der Schweiz fast alle Teilnehmer mit Quasi-arc Elektroden zu schweißen wünschten.

Bei Ausführung von Kupferschweißung haben sich Kupferstäbchen mit 2,5—3% Silizium- und 1,5—2% Mangangehalt gut bewährt. Der Kanzlerdraht mit Silberzusatz kann ebenfalls für Lichtbogenschweißung verwendet werden.

6. Die Gleichstromschweißanlagen.

Es ist ohne weiteres möglich, eine Schweißung aus einem 110 Volt Gleichstromnetz auszuführen, indem man die vorhandene Netzspannung auf eine niedrige Gebrauchs-Spannung durch Widerstände herabdrosselt. Dieses Verfahren hat aber den Nachteil, daß entsprechend der Vernichtung der Voltzahl eine prozentuale Energievernichtung eintritt, so daß nur ca. 10% der aufgewendeten Energie im Lichtbogen umgesetzt wird.

In Abb. 9 ist das Schema einer direkten Netzschweißung gegeben. Es sei eine Netzspannung von 110 Volt Gleichstrom zugrunde gelegt. Die für das Abschmelzen der Elektrode nötige

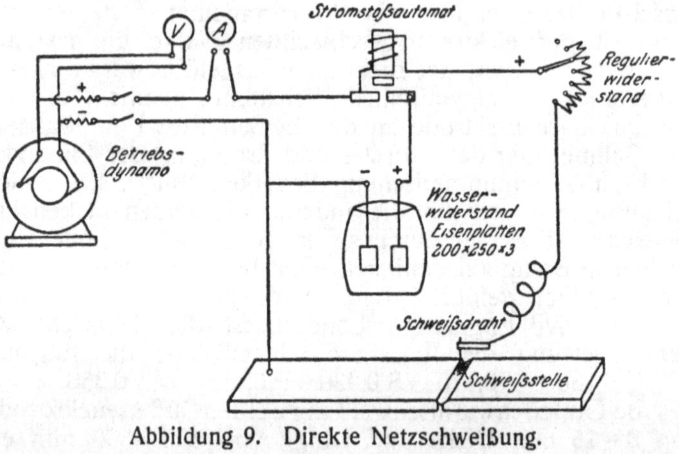

Abbildung 9. Direkte Netzschweißung.

Stromstärke sei mit 150 Ampere angenommen, was einem Elektrodendurchmeßer von ca. 5 mm entspricht. Es müßte für normalen Schweißbetrieb ein Widerstand in den Stromkreis eingeschaltet werden, der einen Spannungsabfall auf die normale Schweißspannung von 20 Volt bewirkte, dessen

Größe sich aus der Beziehung W= (110 – 20) : 150=0,6 Ohm ergibt. Bei Berührung der Schweißelektrode mit dem Arbeitsstück wirkt die Kurzschlußstromstärke ein: J = 110 : 0,6 = 183 Ampere. Der Ueberschuß von 33 Ampere über die normal benötigte Stromstärke bewirkt ein schnelleres Zünden des Lichtbogens. Sobald die Schweißelektrode von dem Arbeitsstück auf den richtigen Abstand entfernt wird, sinkt die Stromstärke auf den normalen Betrag von 150 Ampere, bei welchem die Schweißung durchgeführt wird. Die Zwischenschaltung des geringen Widerstandes von 0,6 Ohm gewährt den Vorteil, den Lichtbogen mit einer Netzspannung von 110 Volt zu erzeugen, anstatt mit nur 20 Volt, sodaß eine größere Veränderlichkeit der Länge des Lichtbogens gestattet ist, ohne daß derselbe abreißt, was eine wesentliche Erleichterung des Schweißprozesses bedingt.

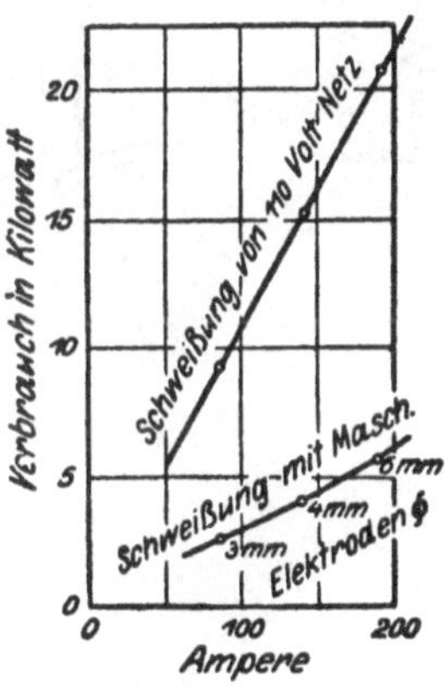

Energiebedarf der Schweissdynamo.

Abbildung 10. Vergleich der Netzschweißung mit der Schweißdynamoschweißung.

Die Leitung führt über Volt- und Amperemeter nach einem Stromstoßautomaten, von dort über den Regulierwiderstand zum Schweißdraht. Das Schweißstück selbst ist in diesem Falle entgegen der allgemeinen Regel an den Minuspol angeschlossen. Da die Handhabung des Lichtbogens bedeutende Belastungsschwankungen im Netz hervorrufen kann, so wendet man eine Vorrichtung an, um die Stromstöße aufzufangen; es ist dies der obenerwähnte Stromstoßautomat. Er besteht aus einem Elektromagneten, der eine Strombrücke schließt, sobald der Stromdurchgang an der Schweißstelle unterbrochen wird. In diesem Falle wird der Elektromagnet stromlos, und die Brücke schaltet automatisch einen Ersatzwiderstand ein, der angenähert die gleiche Größe hat wie der des Lichtbogens. Die Belastung des Netzes bleibt also ziemlich constant, da in den Stromkreis stets entweder der Lichtbogen oder der ihm gleiche Ersatzwiderstand eingeschaltet ist. Die Vorrichtung schützt wohl das Netz vor Beschädigungen, hat aber den Nachteil, daß der Stromverbrauch unabhängig von der geleisteten Nutzarbeit ist; es wird immer die gleiche Strommenge verbraucht, ob der Arbeiter schweißt oder nicht. In Abbildung 10 ist diese Art der Netzschweißung in wirtschaftlichen Vergleich gesetzt mit einer Schweißung aus einer Spezialschweißdynamo. Diese letztere erzeugt, wie weiterhin dargelegt wird, einen Lichtbogen niedriger Spannung unter ökonomischen Verhältnissen.

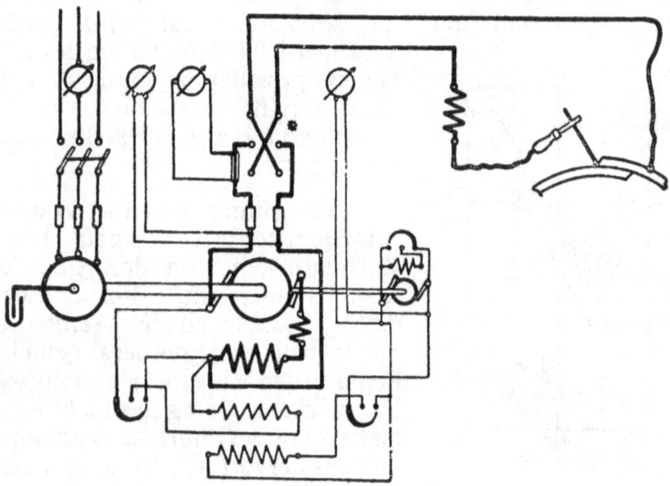

Abbildung 11. Schaltungsschema nach Krämer.

Wie aus der Abbildung zu ersehen ist, liegt die Verbrauchskurve für die Schweißmaschine ganz wesentlich unter derjenigen der direkten Netzschweißung. Gegenüber der Anordnung nach Abbildung 9 hat die Verwendung einer Spezialschweißmaschine noch den Vorteil, daß sie nur wenig Strom verbraucht, wenn der Arbeiter die Schweißung unterbricht, welche Ersparnis zu der allgemeinen Energieersparnis hinzuzurechnen ist.

Auf Abbildung 11 ist das Schaltungsschema einer derartigen Spezialmaschine in der sogenannten Krämer-Schaltung gezeigt. Diese Maschine hat drei verschiedene Erregerwicklungen, eine Fremderregernebenschlußwicklung, eine Eigenerregernebenschlußwicklung und eine Gegenhauptstromwicklung. Verstärkt man die Fremderregung, so wächst der Ankerstrom, schwächt man sie, so nimmt er ab; der Strom kann daher durch einen

Abbildung 12. Fahrbare Schweißdynamo nach Krämer.

Regler beinflußt werden. Bei kurzgeschlossenem Anker, wenn die Eigenerregung ausgeschaltet ist, und Gegenhauptstromwicklung und Fremderregung eingeschaltet werden, wird der Strom nur durch die Fremderregung bestimmt. Beim Anlassen über einem Nutzwiderstand bleibt der Strom bis zu einer gewissen Spannung constant, um dann abzufallen, während die Spannung zunimmt. Zur Erzielung eines möglichst constanten Stromes wird der Regler der Eigenerregung so eingestellt, daß die Maschine auch bei offener

Fremderregung sich gerade erregt; dann schließt man die Maschine kurz und stellt durch den Regler der Fremderregung den gewünschten Strom ein. Dieser bleibt, unabhängig von der Länge des Lichtbogens, beim Schweißen constant. Eine fahrbare Ausführung einer solchen Maschine ist auf Abbildung 12 gezeigt (Bauart A. E. G.). Die Schweißstromstärke kann so eingestellt werden, daß sie einen beliebigen Prozentsatz der Nennstromstärke niemals übersteigt (in der Praxis mindestens das 1,5 fache der Nennstromstärke). Zur Vermeidung von höheren Kurzschlußströmen legt man in die Schweißleitung noch eine Drosselspule, die keine Stromvernichtung bringt, sondern elektromagnetisch Stromspitzen abdämpft und so dem Schweißer das Ziehen und Halten des Lichtbogens wesentlich erleichtert.

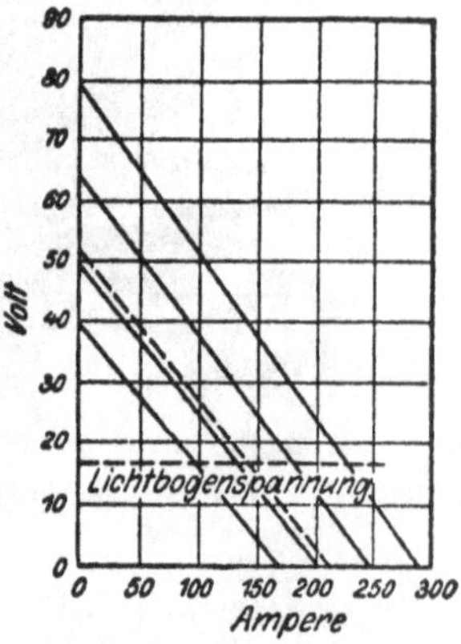

Belastungslinien der Schweissdynamo.

Abbildung 13.

Abbildung 13 zeigt die Belastungslinien einer Schweißdynamo, welche von der Kjellberg Elektroden - Gesellschaft Berlin fabriziert wird (s. Abb. 20). Sie gehört zur Gruppe der fremderregten, gegencompoundierten Maschinen. Eine der jeweiligen Schweißung angepaßte Leerlaufspannung läßt sich an dem Regler fest einstellen, und die Lichtbogenspannung reguliert sich dann bei Belastung automatisch ein. Auf der Abbildung entsprechen die Voltzahlen dieser Leerlaufspannung. Die schrägen Linien zeigen die Abhängigkeit der Spannung von der Stromstärke und lassen erkennen, daß die Spannungsänderung gradlinig erfolgt. Die Lichtbogenspannung ist durch die wagerechte gestrichelte Linie bei etwa 16 Volt angegeben. Die Belastungslinie für beispielsweise 140 Ampere und 16 Volt, was ungefähr der Schweißung mit einer Stahlelektrode von 4 mm Durchmesser entspricht, beginnt bei Leerlauf mit etwa 52 Volt und endet mit der Kurzschlußspannung 0 bei etwa 210 Ampere. Zunächst wird also der Regler der Schweißdynamo auf die Leerlaufspannung von 52 Volt eingestellt. Sobald der Schweißer mit dem Schweißstab (Elektrode) das Werkstück berührt, sinkt die Spannung auf Null (Kurzschluß) und der ganze verfügbare Strom von 210 Ampere fließt durch die Berührungsstelle. Es bildet sich ein Lichtbogen, der den Stromübergang bei Entfernung der Elektrode vom Werkstück aufrecht erhält. Wie zu ersehen, steigt mit Verlängerung des Lichtbogens die Spannung, es fällt die Stromstärke und beide, Spannung und Stromstärke, erreichen bei 2—3 mm Länge des Lichtbogens die oben als passend charakterisierten Werte, bei welchen die Schweißung durchgeführt wird.

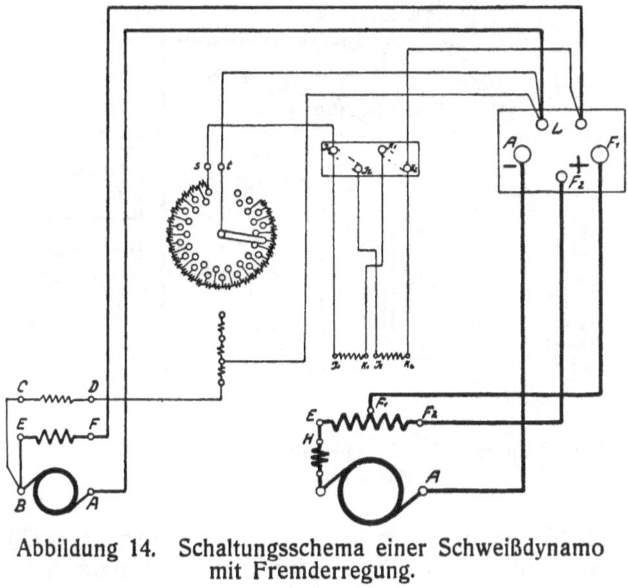

Abbildung 14. Schaltungsschema einer Schweißdynamo mit Fremderregung.

Abb. 14 zeigt das Schaltungsschema der Maschine. Die Erregerdynamo hat Compoundwicklung, damit ihre Spannung bei wechselnder Belastung constant bleibt. Dies ist wesentlich, da sie auch für Abgabe von Strom für Beleuchtung der

Schweißstelle benutzt werden soll, was in vielen Fällen sehr vorteilhaft ist, besonders wenn es sich um Reparaturschweißungen an Ort und Stelle handelt. Diese Lichtleitung ist an die Klemmen L des Schaltbrettes angeschlossen. Die Nebenschlußwicklung der Erregerdynamo enthält einen Abgleichwiderstand s—t, der auf 110 Volt eingestellt wird. Die Schweißdynamo hat eine Nebenschlußwicklung $J_1 K_1 - J_2 K_2$, die von der Erregerdynamo gespeist wird und über den Regler s—t geht. Der Regler regelt die Spannung der Schweißdynamo bei Leerlauf zwischen 35 und 100 Volt. Die in zwei Teilen parallel geschaltete Nebenschlußwicklung kann auch von

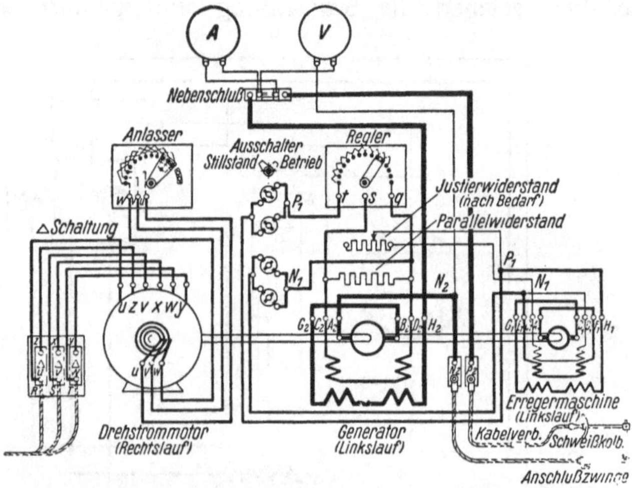

Abbildung 15. Schaltungsschema einer Schweißdynamo mit Antriebsmotor.

110 Volt Netzspannung gespeist werden und ist für 220 Volt Netzspannung umschaltbar. Hat man also derartige Netzspannungen zur Verfügung, so kann die Erregermaschine in Fortfall kommen.

Die Schweißdynamo hat eine unterteilte, gegen den Nebenschluß geschaltete Hauptschlußwicklung, deren Enden F_1 und F_2 zum Klemmenbrett führen. Die größere Klemme

F_1 dient für Schweißungen mit Strömen von 90–200 Ampere, die kleine Klemme F_2 für solche von 50–120 Ampere. Von den Klemmen F_1 und F_2 führen die Kabel zum Werkstück. Der Minuspol der Ankerwicklung A ist gleichfalls zum Klemmenbrett geführt, und von hier aus geht das Kabel zur Schweißelektrode. Zur Erzielung eines funkenlosen Ganges ist die Schweißdynamo mit Wendepolen H versehen.

Abbildung 15 zeigt das Schaltbild eines Schweißumformers in Bauart Siemens-Schuckertwerke. Mittels eines

Abbildung 16. Fahrbare Ausführung des Eingehäuse-Umformers.

im fremderregten Felde liegenden Nebenschlußreglers kann die Leerlaufspannung zwischen 50 und 105 Volt eingestellt werden. Der Umformer ist mit Schleifringläufermotor ausgerüstet, in diesem Falle jedoch ohne Bürstenabheber. Ein Schweißumformer in fahrbarer Ausführung ist auf Abbildung 16 gezeigt.

Wie bereits gesagt, sinkt die Spannung bei Kurzschluß praktisch auf 0, hierdurch ist bedingt, daß von jeder Schweißdynamo nur eine Schweißstelle gespeist werden kann. In

Fällen, in denen mehrere Lichtbogen örtlich vereint werden sollen, wählt man mit Rücksicht auf den vorerwähnten Umstand eine Anordnung lt. den Abbildungen 17 und 18, nach welchen ein Antriebsmotor mehrere Schweißdynamos speisen kann.

Abbildung 17. Geöffnet.

Abbildung 18. Geschlossen.

Schweißumformer für Schiffbau.

Abbildung 17 zeigt das Mehrfach-Aggregat in Spezialausführung für den Schiffbau. Abbildung 18 gibt es in geschlossenem Zustand.

Es ist wichtig, daß bei der Mehrfach-Aggregat-Anordnung ein Parallelbetrieb von Krämer-Dynamos möglich ist. Zwei Schweißdynamos für Kaltschweißung von je 200 Ampere können bei Parallelschaltung sehr gut zur Warmschweißung mit 400 Ampere Verwendung finden.

Eine gute Konstruktion und sorgfältige Ausführung des Schweißaggregates sind von großer Wichtigkeit; die Widerstände in der Maschine selbst müssen so gering wie möglich gehalten werden, um die Wirkung einer Schweißdynamo nach Möglichkeit zu steigern. Dies wird durch reichliche Bemessung der leitenden Kupferquerschnitte erreicht. Hierdurch ist aber wieder eine verhältnismäßig große Maschine bedingt, die auch einen entsprechenden Preis im Gefolge hat. Es ist jedoch nicht gleichgültig, ob der Wirkungsgrad der Schweißdynamo 55–60 v. H. oder nur 40–45 v. H. beträgt; die Betriebskosten steigern sich bei einer minderwertigen Maschine derart, daß die geringeren Anschaffungskosten in kurzer Zeit wett gemacht sind.

Von einer guten Schweißdynamo muß man, abgesehen von ihren elektrischen Qualitäten, einen gleichmäßigen ruhigen Strom, einen funkenlosen Gang und schnelle Anpassungsfähigkeit an die Veränderlichkeit des Lichtbogens verlangen. Die mechanischen Reibungsverluste sollen durch Rollen- oder Kugellager auf ein Mindestmaß herabgedrückt werden, der Bau soll gedrungen und handlich sein, damit sie allenthalben leicht aufgebaut werden kann, und alle empfindlichen Teile sollen trotz bester Einkapselung der Wartung leicht zugänglich sein. Von besonderer Bedeutung ist der vibrationslose Lauf der Maschine; daher müssen die rotierenden Teile auf besonders starker Welle sitzen, und die Verbindung mit dem Fundament und dieses selbst müssen reichlich und zuverlässig konstruiert und ausgeführt sein.

Ein Vorteil des Gleichstromes ist der Unterschied der Temperaturen zwischen Kathode und Anode. Beim Schweißen mit Gleichstrom ist daher die Möglichkeit gegeben, je nach Wunsch Elektrode oder Schweißstück mit dem Pol niedriger Temperatur zu verbinden. Bei Ueberkopfschweißungen ist es z. B. möglich, den Schweißstab mit der Kathode zu verbinden und auf solche Art das Fallen des geschmolzenen tropfenden Metalles auf den Arbeiter zu vermeiden. Bei Dünnblechschweißungen ist es im Gegenteil sehr vorteilhaft, den kälteren Pol an die Schweißstelle zu legen, um die Verbrennungsgefahr zu verringern. Bei Schweißungen mit bestimmten Elektrodensorten kann die Elektrode auch mit der Anode verbunden werden; das ist z. B. bei Quasi-arc-Elektroden der Fall, da hier die höhere Temperatur der Anode das Schmelzen der Asbestumhüllung begünstigen soll.

Alle diese Vorteile sind selbstverständlich bei Wechselstrom nicht gegeben.

7. Schweißtransformatoren.

Die Vorzüge des Gleichstroms beim Schweißen treten in der Praxis in ökonomischer Beziehung etwas zurück, wenn das Netz Wechselstrom liefert. Durch direkte Transformierung des Wechselstromes kann gegenüber der Gleichstromschweißung eine Energieersparnis von rund 40% erzielt werden, und außerdem sind die Anschaffungskosten eines Wechselstromtransformators für Schweißzwecke wesentlich niedriger, als die Aufstellung eines Gleichstromumformers. Aus diesen wirtschaftlichen Gründen hat man mit Erfolg angestrebt, die wirtschaftlichen Mängel des Wechselstromes als Schweißstrom zu überwinden, sodaß heute brauchbare Schweißtransformatoren auf dem Markte erscheinen. Zum besseren Verständnis sei zunächst das Wesen des Wechselstromes und des Transformators näher erläutert.

Während der Gleichstrom immer in demselben Sinne fließt, ändert der Wechselstrom mehrmals in der Sekunde seine Richtung als Folge seiner Entstehung, die uns hier nicht weiter interessiert. Jede Richtungsumkehr nennt man einen Wechsel und zwei Wechsel, die den Strom in seinem Anfangssinne wieder beginnen lassen, eine Periode. Gewöhnlich findet eine Frequenz von 50 Perioden in der Sekunde statt, jedoch ist auch eine andere Zahl der Perioden üblich. Die Frequenz eines Netzes muß bei der Konstruktion von Wechselstromeinrichtungen bekannt sein. Wechselstrom wird in der gleichen Art wie Gleichstrom mittels Voltmeter und Amperemeter gemessen. Jedoch ergibt das Produkt aus Volt und Ampere $E \cdot J$ nur die scheinbare Leistung, wenn das Netz einer Selbstinduktion unterliegt, d. h. durch irgendwelche Energie absorbierenden Maschinen, wozu auch die Transformatoren gehören, belastet ist. In diesem Falle tritt in dem Netz eine Phasenverschiebung ein, und die wirkliche Leistung $\mathfrak{E}$

ist, infolge der jetzt mit Verlust verknüpften fortwährenden Richtungsänderung des Stromes, im Verhältnis des Leistungsfaktors geringer. Der Leistungsfaktor wird mit cos φ bezeichnet, sodaß die Beziehung besteht: $\mathfrak{E} = E \cdot J \cdot \cos \varphi$.

Es ist möglich, bei Wechselstrom mit Hilfe eines ruhenden Apparates, den man Transformator nennt, die Spannung beliebig zu ändern, was bei Gleichstrom unmöglich ist. Der Transformator besteht aus einem Elektromagneten, der zwei Wicklungen trägt. Die eine, die primäre, ist mit dem Netz verbunden, die andere, die sekundäre, ist an die Verbrauchseinrichtung angeschlossen. Die Spannungen sind proportional der Zahl der Wicklungen jeder der Spulen, so daß sich die erwünschte Aenderung der Spannung leicht bestimmen läßt. Man erkennt sofort, daß diese Einrichtung mit Vorteil bei der Lichtbogenschweißung verwendet werden kann, um den Netzstrom auf die niedrige Spannung des Lichtbogens herab zu transformieren. Zur genauen Einregulierung kann man sich wie beim Gleichstrom eines Regelwiderstandes bedienen.

Die Schweißtransformatoren besitzen keine beweglichen Wicklungsteile, meist auch keinen beweglichen Kern; alle Elemente sind fest miteinander verbunden und unterliegen keinem Verschleiß. Diese Bauart hat den weiteren Vorteil, daß sie fast geräuschlos arbeitet, wie auch die Belastung eingestellt wird. Ausgaben für Unterhaltung kommen fast gänzlich außer Betracht. Erforderlichenfalls wird der Spannungsabfall, der durch lange Leitungskabel zur Schweißstelle bedingt ist, durch Erhöhung der Klemmenspannung ausgeglichen, ohne die Leerlaufspannung zu vergrößern; indessen sollten die Zuleitungen nicht ohne Not lang gewählt werden, damit Drosselwirkung vermieden wird.

Der Transformator, der mit Transportrollen versehen ist, läßt sich leicht in die Nähe der Arbeitsstelle bringen. Die Rollen müssen von reichlich großem Durchmesser sein, sodaß Hindernisse, wie Geleise, Stufen, leicht überwunden werden. Die Regelung des Transformators erfolgt durch Veränderung der Windungszahl der Primärspulen mittels eines verhältnismäßig einfachen Schaltapparates. Durch entsprechende Auslegung der Wicklung können besondere Wünsche bezüglich der Verwendung für feine oder gröbere Arbeiten berücksichtigt werden. Der Leistungsfaktor beträgt je nach Ausführung 0,3—0,5 und ist somit für ein größeres Kraftnetz erträglich. Indes soll der Anschluß an den Nulleiter vermieden werden, damit Spannungsverschiebungen im Netz möglichst ausgeschlossen sind. Bei Inbetriebsetzen mehrerer Transformatoren gleichzeitig ist darauf zu achten, daß die Primäranschlüsse möglichst gleichmäßig auf die drei Phasen des Netzes verteilt werden.

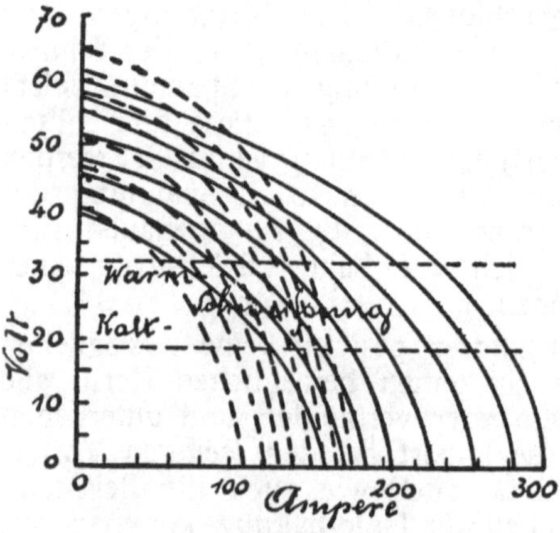

Abbildung 19.
Belastungslinien von Transformatoren.

In der Abbild. 19 sind die Belastungslinien zweier Transformatoren für verschiedene Elektrodendicken gegeben. Der Charakter der Linien bleibt bei Aenderung der Einstellung ungefähr der gleiche. Die starken Linien sind einem 200 Ampere Transformator entnommen; sie lassen erkennen, daß die Lichtbogenspannung ziemlich hoch ansteigen kann. Die schwächeren Schaulinien gelten einem 150 Ampere Transformator.

Bei normaler Primärspannung geht die Leerlaufspannung nicht über 65 Volt hinaus. Dies ist wichtig mit Rücksicht auf die unangenehmen physiologischen Wirkungen, die für den Schweißer bei zufälliger Berührung beider Pole entstehen können, selbst wenn der Wechselstrom geringe Spannung hat. Solche Unfälle können aber eintreten, wenn große Werkstücke, beispielsweise ein Schiffskörper, mit dem Pol der Schweißwicklung verbunden ist. Für Kesselreparaturen, bei denen der Schweißer meist im Innern des Kessels in unbequemster Lage zu arbeiten hat, ist aus diesen Gründen Wechselstromschweißung nicht zu empfehlen, sondern Gleichstromschweißung, da der Schweißer zufälliger Berührung des Elektrodenhalters leichter ausgesetzt ist, als bei Arbeiten im Freien. Empfindliche Leute werden sich hierdurch abschrecken lassen, während sie von Gleichstrom gleicher Spannung garnicht beeinflußt werden. Ueberkopfschweißungen, die bei Kesselreparaturen häufig sind, können nur mit Gleichstrom bewerkstelligt werden.

Abbildung 20.
Gleichstromschweißumformer und Schweißtransformator.

Infolge des ständigen Polwechsels ist bei Wechselstrom die Temperatur an beiden Polen gleich und entspricht ungefähr der mittleren Temperatur zwischen Anode und Kathode, d. h. also, die Schweißtemperatur ist etwas niedriger als bei Gleichstrom. Hierauf und auf die sonstigen Eigenschaften des Wechselstromes ist es zurückzuführen, daß die Wechselstromschweißung bei etwas höherer Spannung durchgeführt werden muß, und der Lichtbogen schwerer zündet und leichter abreißt, wie überhaupt diese Art Schweißung ziemliche Uebung erfordert.

8. Die Einrichtung einer Lichtbogenschweiß-Werkstatt.

Abbildung 21. Schweißwerkstatt.

Auf Abbildung 21 ist das Innere einer modernen Schweißwerkstatt, worin eine Warmschweißung vorgeführt wird, gezeigt. Der Schweißer schützt sich gegen die ultravioletten

Strahlen des Lichtbogens durch die Verwendung von farbigen Gläsern. Für Kaltschweißung genügen im allgemeinen Schutzschilder. Für die Warm- evtl. Halbwarmschweißung

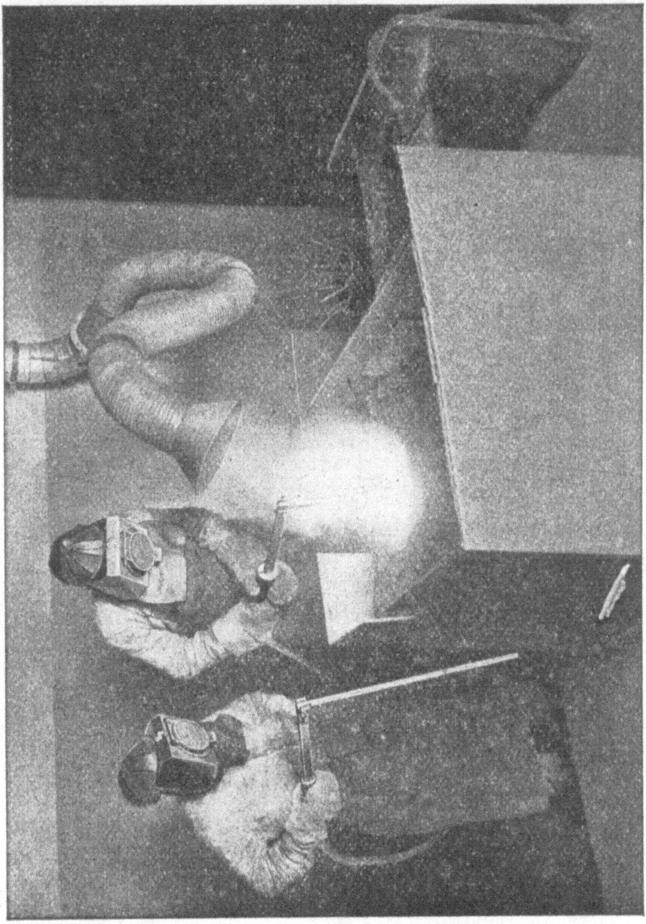

Abbildung 22. Warmschweißung.

sind Kopfschutzhelme zu verwenden, die Schutz gegen die ultravioletten Strahlen und gleichzeitig gegen die auftretenden

Dämpfe und Hitzestrahlen gewähren. Hände, Arme und Leib müssen durch Leder oder Asbestschürze und Handschuhe geschützt sein (Abbildung 22).

Zugwind und fremde Luftströmungen wirken schädlich auf die Beständigkeit des Lichtbogens. Daher sollte in einer großen Werkstatt der Arbeitsplatz des Schweißers durch Scheidewände abgesperrt werden, möglichst von drei Seiten, was auch mit Rücksicht auf die ausgesandten Licht- und Energiestrahlen zweckmäßig ist.

III. Widerstandsschweißung.

1. Allgemeines.

Bei der Widerstandsschweißung werden die zu vereinigenden Teile in den Stromkreis selbst eingeschaltet. Der Vorgang ist aus Abbildung 23 ersichtlich. Man führt die elektrische Energie von der Stromquelle aus direkt in die Schweißstücke. Bei seinem Durchgang durch das Schweißgut hat der Strom den inneren Widerstand der Schweißstücke sowie den Uebergangswiderstand an der Schweißstelle zu überwinden, wodurch die nötige Schweißwärme erzeugt wird. Wenn die Schweißstellen auf die Schweißtemperatur gebracht sind, werden die Schweißstücke unter gleichzeitiger Ausschaltung des Schweißstromes kräftig gegeneinander gestaucht, wonach der eigentliche Schweißvorgang beendet ist. Die Widerstandsschweißung wurde zuerst von E. Thomson im Jahre 1887 ausgeführt.

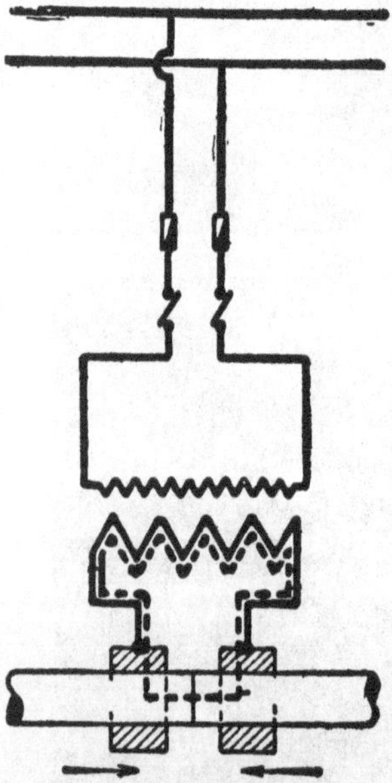

Abbildung 23.
Schema der Widerstandsschweißung.

Da die Widerstände in der Schweißstelle verhältnismäßig klein sind, ist es nach dem Grundgesetz der Elektrotechnik, wonach die entstehende Wärme gleich $i^2 . W . t$ ist, erforderlich, die Strommenge außerordentlich hoch zu halten und zwar bis 100 000 Ampere. Die Schweißspannung ist entsprechend der kleinen Widerstände im Schweißgut sehr niedrig und beträgt 0,5 – 20 Volt, je nach Art der vorzunehmenden Schweißarbeit. Diese hohen Stromstärken lassen sich am einfachsten den vorhandenen Dreh- bezw. Wechselstromnetzen durch Transformieren entnehmen. Der Hauptteil aller elektrischen Widerstandsschweißapparate ist daher in erster Linie ein Wechselstromschweißtransformator, dem die Aufgabe zufällt, die nötigen Netzenergieen auf die vorgenannten Schweißenergieen umzuwandeln.

Für die elektrische Widerstandsschweißung verwendet man im allgemeinen Einphasenstrom; Gleichstrom eignet sich für diesen Zweck nicht, da hierbei die Zuleitungen zu schwer würden.

Als ein allgemeiner Vorteil dieser Art der Schweißung mag erwähnt werden, daß die elektrische Energie ohne Verlust direkt an die Schweißstelle geleitet und erst im Schweißstück selbst in Wärme umgesetzt wird. Die Hitzeentwicklung läßt sich einwandfrei verfolgen und ist leicht zu kontrollieren.

Die Arten der Widerstandsschweißung sind folgende: Stumpfschweißen, Abschmelzverfahren, Punktschweißen und Nahtschweißen. Auf Tabelle II sind die Anwendungsgebiete dieser verschiedenen Arten angegeben.

Tabelle II.

	Schweiß-temperatur für Flußeisen	Anwendungs-gebiet	Arten der Schweißg
Stumpfschweißen	1350°	bis 10000 qmm	Stumpf
Abschmelzverfahren	1500°	bis 2000 qmm	Stumpf
Punktschweißen	1350°	bis 30 mm Gesamtstärke	Ueberlappt
Nahtschweißen	1350°	von 0,2-2 mm	Ueberlappt
Nahtschweißen nach Schrittverfahren	1350°	von 0,2-10 mm	Ueberlappt

2. Stumpfschweißen.

Bei dem Stumpfschweißen werden die zu verbindenden Teile in eine Schweißmaschine gesteckt, wobei die Stoßflächen der Arbeitsstücke durch Sägeschnitt senkrecht zur Stabachse durchschnitten sein sollen; hiernach wird durch einen Transformator der Strom eingeschaltet. Da die Berührung am Stoßquerschnitt anfangs nur eine punktförmige ist, wird dem Strom ein großer Widerstand entgegengesetzt, und die Berührungsteile werden in kürzester Zeit stark erwärmt. Durch Zusammendrücken der Stoßstellen findet der

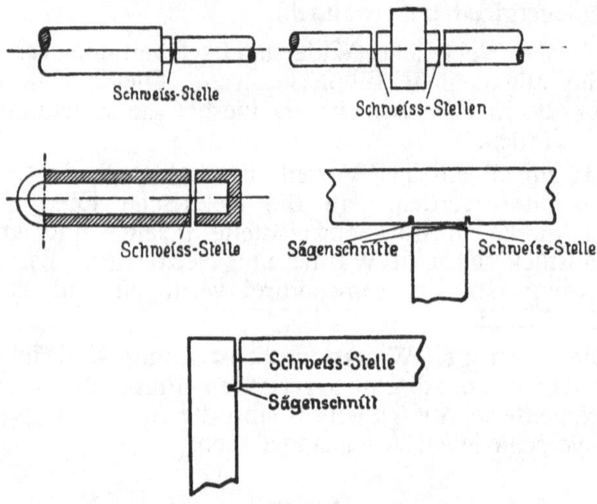

Abbildung 24—28. Konstruktive Gestaltung der Schweißstellen.

Strom immer neue Uebergangsstellen und erwärmt schließlich den ganzen Querschnitt auf die Temperatur der Schweißung, die in der Tabelle angeben ist. Die Erhitzung wird nach dem Zustand der Außenhaut beurteilt. Die nötige Temperatur ist eingetreten, wenn das weißglühende Arbeitsstück Spuren von Sprühhitze erkennen läßt. Dann wird der Strom ausgeschaltet, und die Arbeitsstücke werden stark aneinandergepreßt, wodurch sich an der Schweißstelle eine Stauchwulst bildet. Die zu verbindenden Stücke sollen an der Schweißstelle annähernd gleichen Querschnitt besitzen, worauf schon bei der Ausführung der Konstruktion Rücksicht zu nehmen ist. Die Abbildungen 24 bis 28 zeigen einige konstruktive Gestaltungen der Schweißstelle. In Fällen, wo gleiche Querschnitte nicht erreichbar sind, soll das Stück mit dem größeren Querschnitt vorgewärmt werden.

In metallurgischer Hinsicht dürfte die elektrische Stumpfschweißung die einwandfreiesten Ergebnisse liefern, da während des Schweißprozesses die zu verbindenden Stücke mit keinerlei Fremdkörpern in Berührung kommen. Dies wird auch durch metallographische Aufnahmen bestätigt, was aus den Abbildungen 29 und 30 ersichtlich ist, wo Aetzungen von Eisenmaterial außerhalb und innerhalb der Schweißstelle

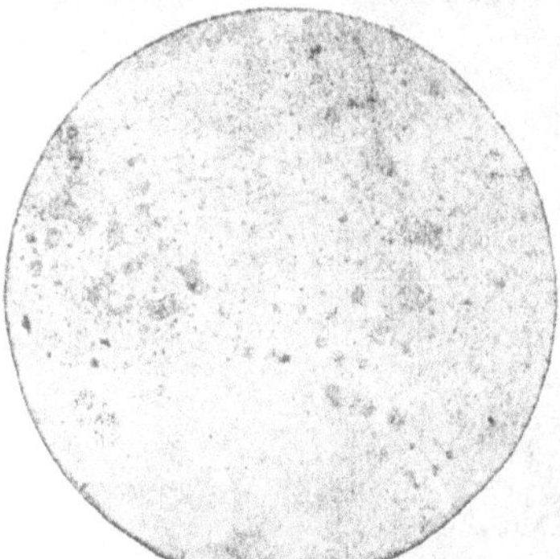

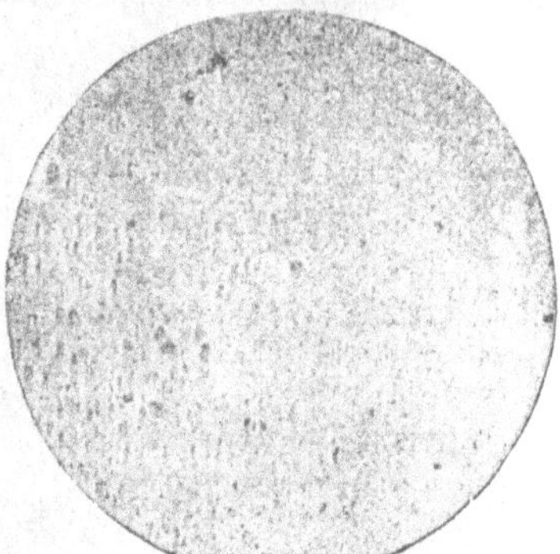

Abbildung 29. Außerhalb. Abbildung 30. Innerhalb.

Schliff der Schweißstellen.

gezeigt sind. Die elektriche Stumpfschweißung ist für alle Vereinigungsarbeiten verwendbar, die eine Stoßverbindung verlangen, wie beispielsweise bei Verbindungen von Rundeisen, Profilen aller Art, Ringen, Ketten, Gliedern usw. Der Energieverbrauch ist bei den geschlossenen Teilen, wie z. B. Ringen und Ketten, etwas größer wie bei den offenen Querschnitten.

Auf Abbildung 31 ist eine Stumpfweißmaschine für Stumpfschweißen offener Eisenteile von 7500—10000 qmm in einer Zeitdauer von 10 Minuten ersichtlich. Die Leistung der Maschine ist 300 Kva., Leistungsfaktor 0,6. Die Maschine wurde im April 1924 in den Werken der A. E. G. Henningsdorf vorgeführt. Abbildung 32 zeigt die Backenanordnung dieser Maschine, durch welche eine besonders günstige gleichmäßige Hitzeentwicklung im ganzen Schweißquerschnitt erreicht ist.

Abbildung 31. Stumpfschweißmaschine zum Schweißen bis 10000 qmm.

3. Das Abschmelzverfahren.

Das Abschmelzverfahren unterscheidet sich von dem Stumpfschweißen durch folgendes: Die Arbeitsstücke sind am Anfang des Schweißens durch einen dünnen Luftraum getrennt; der Schweißstrom wird vor dem Zusammenstoßen der Querschnitte in Form von Funkensprühen überbrückt;

die Berührung der Stoßteile bleibt keine dauernde, sondern wird durch Hin- und Herbewegen der Klemmbacken um

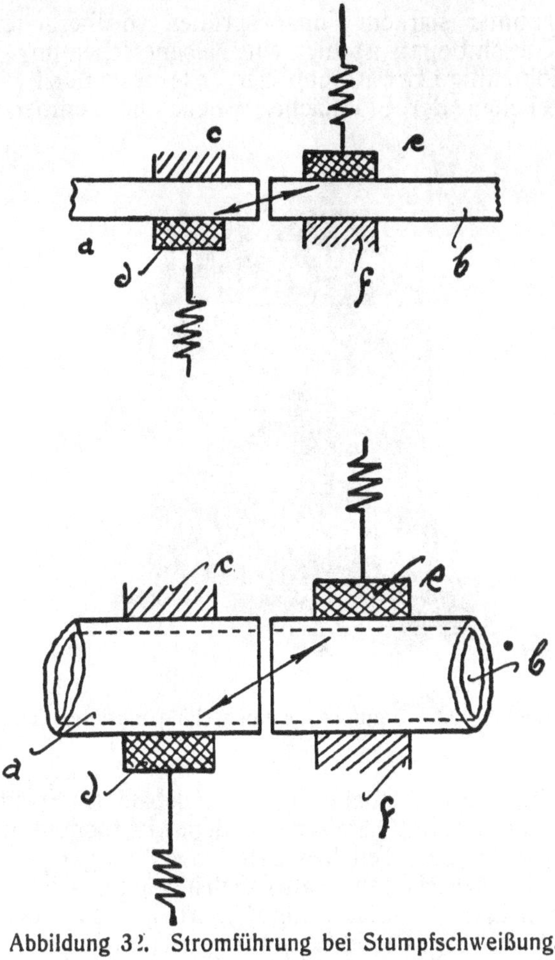

Abbildung 32. Stromführung bei Stumpfschweißung.

wenige mm in kleineren Zwischenräumen unterbrochen, damit die Erhitzung sich gleichmäßig auf den ganzen Querschnitt verbreiten kann. Nach Erreichung der Schweißtemperatur werden beide Teile stark gegeneinandergestoßen, sodaß das geschmolzene Metall teilweise nach außen gedrückt wird.

Der unter starkem Funkensprühen vorübergehend entstehende Lichtbogen ist hier eine Nebenerscheinung, die für die gleichmäßige Erwärmung der Teile ausgenutzt wird. Die Gefügeteilchen der Stoßfläche, welche die Temperatur der

Abbildung 33. Stumpfschweißmaschine mittlerer Größe.

Schmelzhitze erreicht haben, werden alsbald als Sprühfunken fortgeschleudert, im Gegensatz zu dem Lichtbogenschweißen, wobei gerade diese Teilchen den Schweißvorgang bewirken. Das Abschmelzverfahren ist also auch hinsichtlich der Schweißtemperatur und der Ausführung der Arbeit eine Art der Widerstandsschweißung. Dieses Verfahren wird für das Aufschweißen von Plättchen auf Drehstähle verwendet (s. Abbildung 34) und für das Schweißen komplizierter Querschnitte, z. B. bei T- und U-Eisen.

Das Abschmelzverfahren wird auf einer Stumpfschweißmaschine ausgeführt. Die Festigkeit der Schweißstelle ist bei diesem Verfahren vorzüglich (s. Seite 63).

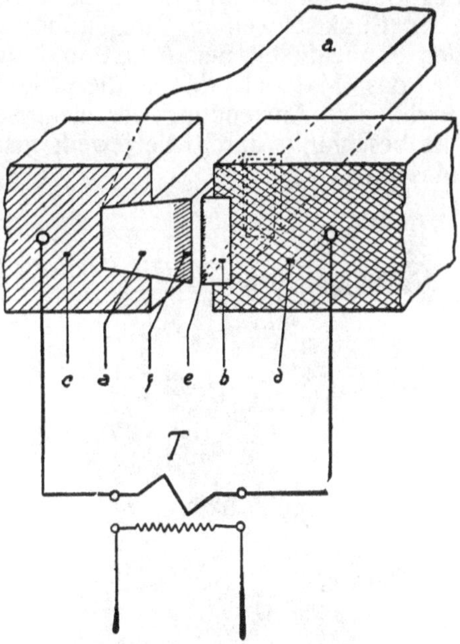

Abbildung 34. Aufschweißen von Plättchen auf Drehstähle.

4. Punktschweißen.

Punktschweißen findet Verwendung als Ersatz für das Nieten, bei Verbindung von Blechen und Konstruktionsgliedern bis 30 mm Gesamtstärke. Für die Durchführung von Punktschweißungen werden die zu verbindenden Teile zwischen die Schweißelektroden gebracht, durch Druck auf den Fußhebel zunächst zusammengepreßt und, wie bei der Stumpfschweißung, unter Kontaktdruck gesetzt. Beim Weitertreten des Fußhebels wird der Strom eingeschaltet, der die entsprechenden Stellen der Bleche auf Schweißtemperatur erhitzt. Durch einen kräftigen Nachdruck auf den Fußhebel wird der Schweißvorgang abgeschlossen, bei Loslassen des

Fußhebels der Strom ausgeschaltet und die Schweißstelle freigegeben. Der ganze Arbeitsvorgang spielt sich verhältnismäßig rasch ab und dauert von 0,3 Sekunden für 0,4 mm und bis 30 Sekunden für 30 mm der Gesamt-Materialstärke. Der Vorteil der Punktschweißung gegenüber dem Nieten besteht in der Schnelligkeit der Arbeit und der größcren Festigkeit, da das Material durch die Nietlöcher nicht geschwächt wird. Die Anwendung der elektrischen Punktschweißung ist beschränkt durch die jeweils maximale Ausladung der Maschine.

Abbildung 35. Punktschweißmaschine.

5. Nahtschweißung.

Bei der Nahtschweißung werden die zu verschweißenden Bleche zwischen zwei stromführenden Rollen unter Druck fortbewegt. Die Schnelligkeit der Schweißung ändert sich im Zusammenhang mit der Stärke der Bleche, und zwar ist sie 2 mm/sec. bei Blechstärke von 2 mm und 50 mm/sec. bei Blechstärke von 0,3 mm; je dünner das Blech, desto schneller entsteht die Schweiße.

Dieses Verfahren kann für die Verbindung von Eisen-, Messing- und Zinkblechen vom schwächsten bis zu 2 mm Stärke, für Rund- und Längsnähte angewendet werden; es

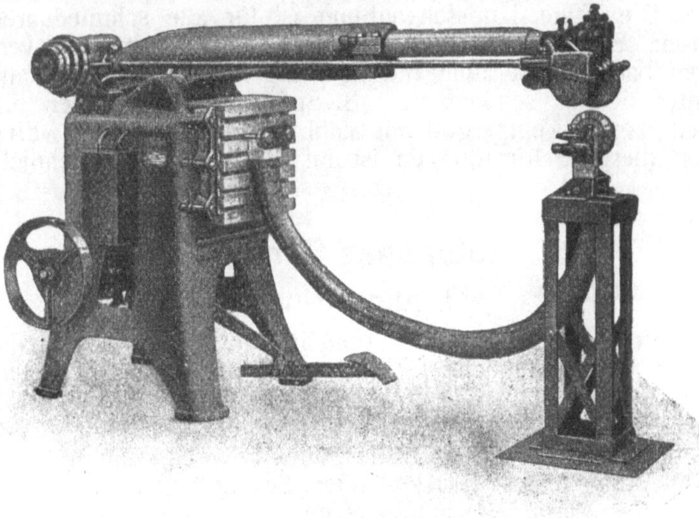

Abbildung 36. Nahtschweißmaschine zum Schweißen von Kotschutzflügeln (Dauerleistung 30 Kva)

ist möglich, die Zuführung des Stromes so zu regulieren, daß die Gefahr des Verbrennens ausgeschlossen ist.

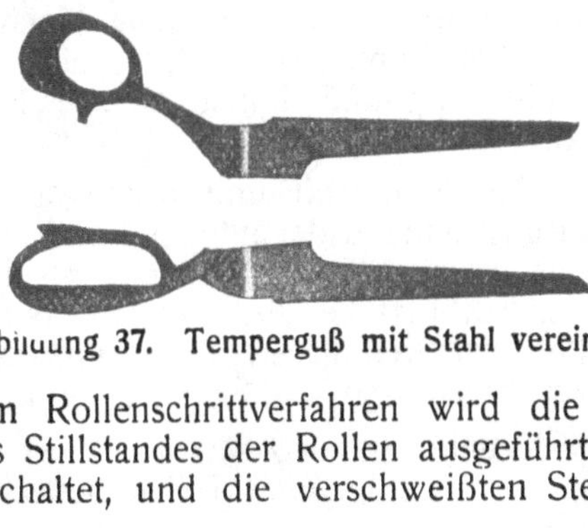

Abbildung 37. Temperguß mit Stahl vereinigt.

Bei dem Rollenschrittverfahren wird die Schweißung während des Stillstandes der Rollen ausgeführt. Der Strom wird ausgeschaltet, und die verschweißten Stellen erkalten unter Druck. Nach der Erkaltung wird eine neue Bewegung der Rollen vorgenommen. Nach diesem Verfahren kann man Nähte bis 10 mm Stärke schweißen.

Die Widerstandsschweißung ist für alle schmiedbaren Eisen, Stahlguß, Messing, Kupfer und Aluminium verwendbar. Es ist auch möglich, die verschiedenen Metalle unter sich zu schweißen, z. B. Stahl mit Eisen, Eisen mit Temperguß, Temperguß mit Stahl, Eisen mit Messing. Eine von diesen Schweißungen ist auf Abbildung 37 ersichtlich.

IV. Autogenes Schweißen.

1. Allgemeines.

Vom Jahre 1904 ab wurden in Deutschland die Metalle unter Anwendung der Flamme eines Brenngases in Sauerstoff geschweißt. Zuerst wurde als Brenngas Wasserstoff verwendet. Da bei diesem Verfahren die Vereinigung der Teile ausschließlich unter der Wirkung der Flamme ohne Einwirkung eines Druckes oder Schlages vor sich geht, ist dieses Verfahren „autogen" genannt worden. Das Wort „autogen" besteht aus zwei Teilen: „auto" (griechisch) bedeutet „von selbst", „gen" (lateinisch) bedeutet „erzeugt". Es sei jedoch bemerkt, daß das Lichtbogen- und das Thermitschweißen ebenfalls mechanischer Mittel nicht benötigen, und dennoch werden diese Schweißungsarten nicht „autogen" genannt. In dieser Hinsicht wäre es richtiger, jene Metallbearbeitung als „autogen" zu bezeichnen, bei welcher eine Flamme von Brenngas oder einer Brennflüssigkeit, in Sauerstoff brennend, verwendet wird.

Folglich bilden Sauerstoff und Brenngas oder Brennflüssigkeit die Grundelemente der autogenen Schweißung. Eine autogene Anlage besteht hauptsächlich aus einem Drucksauerstoffbehälter (Stahlflasche oder stationäre Batterie), einem Brenngasbehälter oder Brenngaserzeugungsapparat und einem Brenner, der zur Erzeugung der Schmelzflamme dient.

Abbildung 38 zeigt eine vollständige fahrbare Azetylenschweißanlage, die aus folgenden Teilen besteht:

a) Azetylenentwickler mit Reiniger,
b) Sauerstofflasche,
c) Sicherheitswasservorlage,
d) einem Druckminderventil für die Sauerstofflasche,
e) je einem Schlauch für Sauerstoff und Azetylen.

Als Brennstoff wird zur Zeit haupsächlich Azetylen verwendet, das in einem besonderen Entwickler erzeugt oder in Stahlflaschen verdichtet als gelöstes Azetylen (Dissousgas)

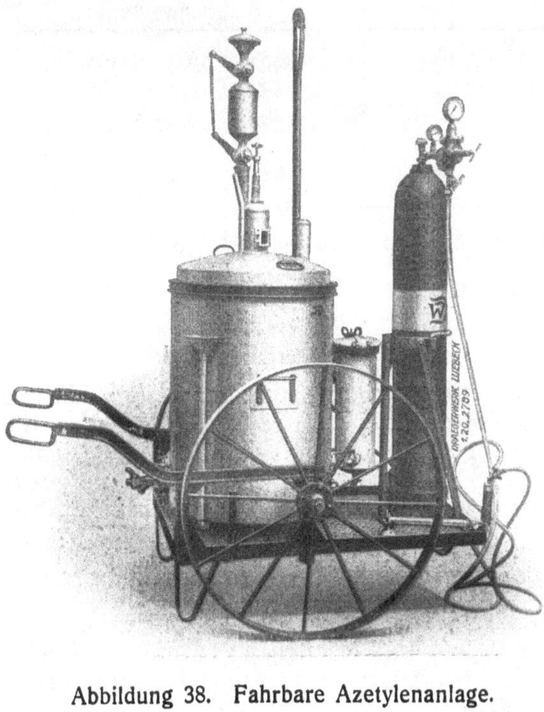

Abbildung 38. Fahrbare Azetylenanlage.

verwendet wird. Außer diesem Brennstoff kommen noch die folgenden in Frage: a) Wasserstoff, der in Stahlflaschen aufbewahrt wird, hauptsächlich für Schneiden, insbesondere Unterwasserschneiden, b) Leuchtgas, c) Blaugas und d) Benzol und andere flüssigen Brennmischungen. In folgender Tabelle sei eine Uebersicht der Anwendbarkeit der verschiedenen autogenen Schweißverfahren gegeben. Daneben sind zum Vergleich Angaben enthalten über Lichtbogen- und Thermitschweißung:

Tabelle III.

Art des Schweißverfahrens	Temperatur Grad C	Anwendungsbereich bei Eisenblechschweißungen	Arten von Blechschweißungen
Azetylen	3650	0,2–40 mm	nur stumpf geschweißt
Wasserstoff	1900	0,2 – 9 mm	
Benzol	3000	0,2—20 mm	
Leuchtgas	1800	0,2 - 6 mm	
Blaugas	2300	0,2—10 mm	
Lichtbogenschweißung.	3300—3700	1,5—60 mm	überlappt od. stumpf
Thermitschweißung	3000	20—60 mm	stumpf

2. Schweißbrenner.

Bei den ersten Schweißungen mittels Wasserstoffes wurden die Gase durch zwei Schläuche direkt an die Düsen des Brenners geführt und dort gemischt. Versuche zeigten aber bald, daß Mischung vor Austritt der Gase weit höhere Temperaturen an der Brennermündung zur Folge hat; darum läßt man jetzt die Mischung der beiden Gase in einer der Brennerdüse vorgelagerten Kammer stattfinden. Um Oxydation des Metalles zu vermeiden, soll man mit einem Ueberschuß von Brenngas arbeiten, und zwar nimmt man gewöhnlich 0,7—1 Teil Azetylen, anstatt nur 0,4 Teile Azetylen auf 1 Teil Sauerstoff, wie es für eine vollständige Verbrennung genügend wäre.

Die Anwendung des Azetylens für das Schweißen war zuerst sehr schwierig, da die Zündgeschwindigkeit (d. h. die Geschwindigkeit, mit welcher sich die Flamme fortpflanzt ohne Einwirkung der Austrittsgeschwindigkeit) sehr groß ist, und es schwierig war, das Zurückschlagen der Brennerflamme zu verhindern. Der erste praktisch verwendbare Azetylenschweißbrenner wurde von dem französischen Ingenieur Fouché (D. R. P. 164180) erfunden. In Abbildung 39 ist im teilweisen Schnitt ein Azetylenschweißbrenner ersichtlich, in welchen der ausströmende Sauerstoff nach dem Prinzip

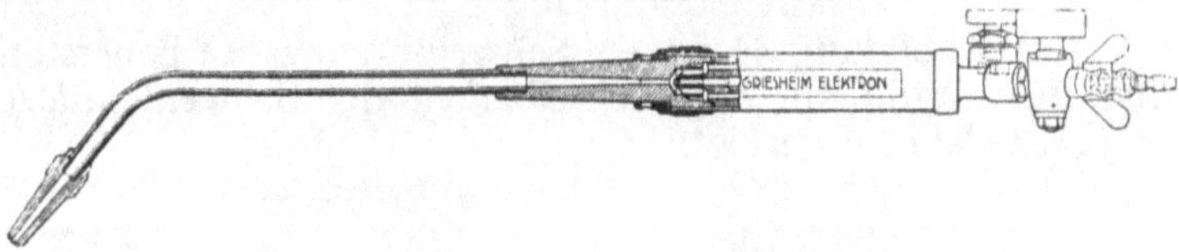

Abbildung 39. Azetylenschweißbrenner.

des Injektors das Azetylen ansaugt, das niedrigen Druck hat und sich mit ihm zusammen in der Mischkammer mischt. Das Azetylenrohr soll lang und dünn sein (von 1—3 mm Durchmesser und 1 m Länge), um die Entzündung des Azetylen in dem Rohr unmöglich zu machen.

Die Hauptaufgabe des Brenners ist die richtige Mischung der beiden Gase, die so erfolgen muß, daß Störungen im Gleichgewichtszustand zwischen Ausfluß- und Zündgeschwindigkeit ausgeschlossen sind. Die obenerwähnte Injektorkonstruktion beruht darauf, daß die Saugwirkung des

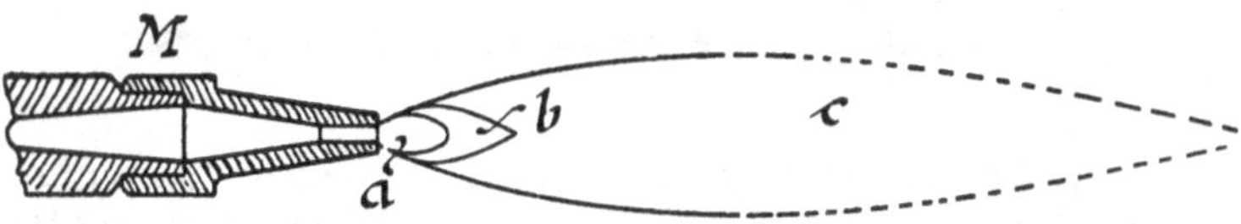

Abbildung 40. Azetylenschweißflamme.

durch eine feine Düse unter höherem Druck ausströmenden Sauerstoffes ausgenutzt wird. Abbildung 40 zeigt das Vorderteil des Brenners. Der aus den Bohrungen auströmende Sauerstoff saugt ringsum das unter niedrigem Druck stehende Azetylen an und mischt sich mit ihm in der Mischkammer M. Diese Mischeinrichtung ist meistens in die Schweißdüse eingebaut.

Ein Schweißbrenner besteht im allgemeinen aus folgenden Hauptteilen: 1. Handrohr, 2. Absperr- und Regulier-vorrichtung, 3. Schlauchanschlüssen, 4. Mischkammer, 5. Mundstücken.

Man hat Einzel- und Wechselbrenner, welch letztere einen Satz von auswechselbaren Düsen haben.

Auf Abbildung 41 ist ein Schweißbrenner für Sauerstoff und Wasserstoff mit Auswechselbarkeit der Schweißeinsätze und Mundstücke gezeigt.

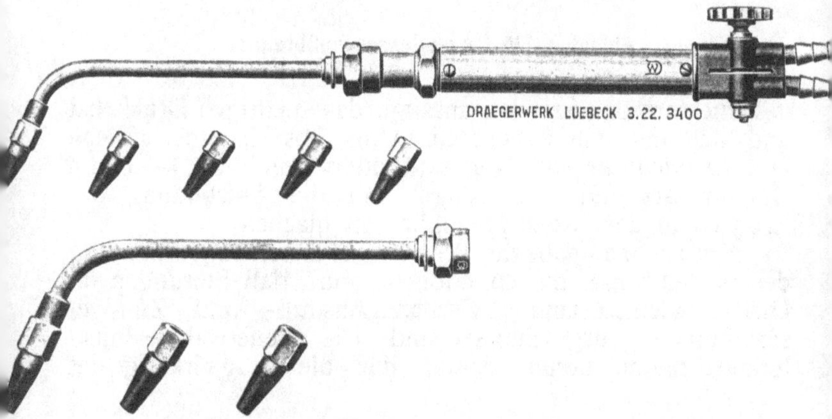

Abbildung 41. Wasserstoffschweißbrenner.

Der Schweißbrenner ist ein Sicherheitsmischbrenner. Beide Gase stehen unter gleichem Arbeitsdruck: sie werden in einer besonderen Mischkammer vollkommen gemischt. Der für beide Teile gemeinschaftliche Abstellhahn hat die gesetzlich vorgeschriebene Trennungsnute.

Um eine Oxydation des Metalles zu vermeiden, arbeitet man auch hier mit einem Ueberschuß von Wasserstoff, und zwar besteht das Gemisch aus 4–5 Teilen Wasserstoff auf 1 Teil Sauerstoff. Man verwendet Wasserstoffschweißbrenner nur bis 9 mm Stärke, da bei größerer Stärke der Gasverbrauch zu groß ist.

3. Schweißflammen.

Wie bei jeder Feuererscheinung ist die Schweißflamme das Ergebnis eines besonders heftigen Oxydationsvorganges. Jeder brennbare Körper benötigt zur vollständigen Verbrennung einer bestimmten Menge Sauerstoff. Reicht die zugeführte Sauerstoffmenge O nicht aus, so tritt unvollständige Verbrennung ein, d. h. es bleiben in der ausströmenden Flamme noch unvollständig verbrannte Gase, die sich mit dem Sauerstoff der Luft verbinden können. Die folgende Ausführung bezieht sich in erster Linie auf die Azetylenflamme; sie gilt jedoch auch für jede andere Verbrennung. Bei Flüssigkeiten tritt eine vorherige Verdampfung ein, sodaß auch hier die Erwägungen für ein Gas gelten.

Die Verbrennung des Azetylens $C_2 H_2$ geht in zwei Stufen vor sich. Zunächst verbrennt es zu Kohlenoxyd $C O$ und Wasserstoff H nach der Gleichung:

$$C_2 H_2 + 2 O = 2 C O + 2 H$$

Diese Zwischenprodukte ($C O$ und H) sind selbst wieder brennbar und treten daher in Verbindung mit dem Sauerstoff der Luft nach der Gleichung:

$$2 C O + 2 H + 3 O = 2 C O_2 + H_2 O$$

Die Endprodukte sind also Kohlendioxyd ($C O_2$) und Wasserdampf ($H_2 O$).

Das Flammenbild in Abbildung 40 läßt in der Tat die durch obige Gleichungen gekennzeichneten Vorgänge erkennen. Der helleuchtende Kern a entsteht infolge der intensiven Verbrennung des Azetylens in dem unter Druck zugeführten fast reinen Sauerstoff. Die Länge dieses Kernes, welche sich um ± 15% ändern kann, hängt von dem praktisch benötigten Sauerstoffdruck ab und ist für verschiedene Blechstärken in Tabelle IV angegeben. Die zweite Zone b ist das Ansammlungsgebiet der Zwischenprodukte, Kohlenoxyd und Wasserstoff. In der äußeren Zone c geht die Mischung der Zwischenprodukte mit dem Sauerstoff der Luft vor sich und mithin die zweite Stufe der Verbrennung.

Die heißeste Stelle der Flamme liegt naturgemäß am Ausgang der Zone a, für welchen Bereich die Temperatur verschiedener Brennstoffe in der Tabelle III angegeben ist. Das Schweißen geht am sichersten und schnellsten vor sich, wenn diese Stelle des Flammenkernes die Schweißnaht trifft.

Tabelle IV

Blechstärke mm	Nummer d. Schweißbrennerspitze	Sauerstoffdruck at	Länge des Flammenkerns mm
bis 0,3	000	0,2	3
0,3— 0,5	00	0,3	4
0,5— 1	0	0,5	6
1— 2	1	0,8	8
2— 4	2	1,0	12
4— 6	3	1,3	15
6—10	4	1,5	17
10—15	5	1,8	19
15—20	6	2,2	21
20—25	7	2,8	23
25—30	8	3,2	25

Der Heizwert von Wasserstoff (H) beträgt bei Verbrennen zu Wasserdampf (H_2O) 33928 W.-E. gegenüber dem Azetylen, dessen Heizwert nur ungefähr 12200 W.-E. beträgt. Trotzdem ist die Temperatur der Azetylen-Sauerstofflamme (3650°) viel höher als die der Wasserstoff-Sauerstofflamme (1900°). Die Ursachen hierfür sind in dem Zerfall des Azetylens und der damit verbundenen Wärmeabgabe von 2600 W.-E. zu suchen, da diese Dissoziationswärme zu der durch Verbrennen erzeugten Wärme hinzukommt. Bei Wasserstoff im Gegenteil zerfällt der entstandene Wasserdampf teilweise wieder in Wasserstoff und Sauerstoff unter Aufnahme von Wärme, was die niedrige Endtemperatur der Flamme bewirkt. Auch die Schnelligkeit des Verbrennungsvorganges spielt hier wahrscheinlich eine wichtige Rolle. Aehnliche Gründe dürften auch die hohe Temperatur der Benzolsauerstofflamme bedingen, die auf 3000° C geschätzt wird. Einzelheiten über die Benzolflamme sind in Kapitel XII gegeben.

Die Stabilität der Flamme kann durch einige Ursachen aufgehoben werden; in diesem Falle spricht man von Flammenrückschlägen, die durch eine Wasservorlage unschädlich gemacht werden. Als Ursachen dieser Flammenrückschläge können folgende genannt werden: die Undichtigkeit des Brenners, Gratbildung an der Düsenbohrung, Verstopfen der Düsenöffnung, plötzliche Abnahme der Abflußgeschwindigkeit des Gases durch Verminderung des Sauerstoffdruckes (z. B. beim Einfrieren des Ventils), zu starke Erhitzung des Brennergemisches oder der Schweißdüse usw.

Hier soll noch ein Vorgang erwähnt werden, der nach dem Verlauf eines gewissen Betriebsabschnittes in der Brennertätigkeit eintreten kann und der als eine erhebliche Erwärmung der Mischkammer M infolge der Wärmestrahlen gekennzeichnet wird. Hierdurch wird eine „Entmischung" der Gase verursacht, d. h. eine Aenderung in ihrem Mischverhältnis und zwar eine Abnahme der ausströmenden Azetylenmenge, herrührend von der mit wachsender Wärme zunehmenden Dichte des Gases. Die Dichte ändert sich bei Azetylen mit der Erwärmung ungleich mehr als bei Sauerstoff, welcher praktisch seine Dichte innerhalb des Brenners nicht ändert. Abgesehen von seiner ungünstigen Einwirkung auf das Schweißstück, kann dieser Vorgang die Ursache von Flammenrückschlägen werden. Die Flamme brennt dann im Brennerinnern weiter, da dort der nötige Sauerstoff vorhanden ist. In solchen Fällen ist es von großer Wichtigkeit, den Brennerhahn sofort abzusperren, um ein Weiterbrennen der Flamme im Innern des Brenners zu unterdrücken.

4. Druckminderventile.

Um das Gas von dem hohen Flaschendruck (150 Atm.) auf den zur Arbeit erforderlichen niedrigen Druck zu bringen, benutzt man Druckminderventile. Jedes zum Schweißen oder Schneiden bestimmte Druckminderventil soll zwei Manometer, einen Inhaltsdruckmesser und einen Arbeitsdruckmesser haben. Auf Abbildung 42 ist ein Druckminderventil im Durchschnitt ersichtlich. Die Ueberwurfmutter verbindet das Druckminderventil mit dem Verschlußventil der Flasche. Wird nun das Verschlußventil geöffnet, d. h. die Gummidichtung mittels des Handrades von ihrem Sitz entfernt, so ist dem hochverdichteten Gas zunächst der Weg bis zum Verschlußstück, gleichfalls aus Hartgummi bestehend, freigegebenen. Ein Sieb scheidet etwa mitgerissene mechanische

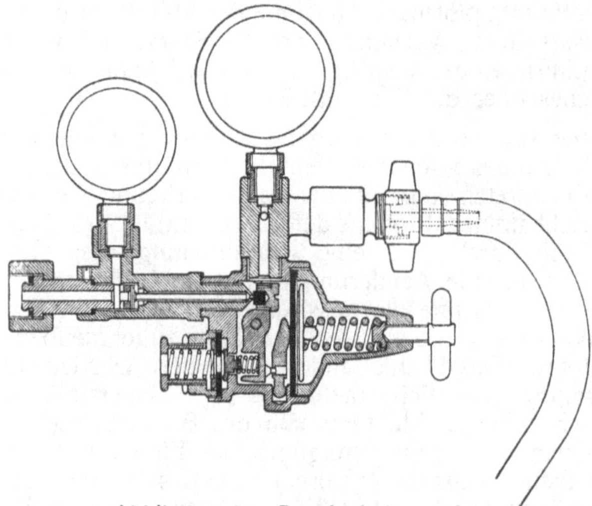

Abbildung 42. Druckminderventil.

Beimischungen ab. Der Stutzen trägt so den jeweiligen Flaschendruck. Im Ruhezustand wirkt die Feder durch Vermittlung eines Doppelhebels kräftig auf das Verschlußstück ein und verhindert so den Gasaustritt. Durch eine Stellschraube unter Vermittlung der Feder und der anschließenden beiden Zwischenhebel kann nun, dem Kraftschluß entgegenwirkend, das Hartgummistück von seinem Sitz abgehoben, und so dem Gas der Austritt geöffnet werden.

5. Zubehör.

Schläuche. Die Zufuhr der Gase von den Gasbehältern zu den Gasbrennern geschieht durch Gummischläuche von nicht weniger als 2,5—3 m Länge.

Dicke und lichte Weite dieser Schläuche sind von der Größe der Anschlußnippel und vom Gasdruck abhängig. Für das Brenngas ist eine Wanddicke von 3 mm, für den Sauerstoff von 4 mm genügend. Die lichte Schlauchweite beträgt für Brenngas 8–11 mm, für Sauerstoff 6–9 mm. Um Verwechslungen zu vermeiden, sollen die Schläuche von verschiedener Farbe sein.

Eine Schutzbrille soll während des Schneidens, besonders aber während des Schweißens getragen werden. Sie soll dunkelfarbige Gläser in wärmeleitender Fassung haben.

V. Festigkeit des Schweißens.

1. Uebersicht.

Die Herstellung einer guten Schweiße ist zuförderst eine metallurgische Aufgabe, und die physikalischen Eigenschaften einer Schweiße hängen daher ab von der chemischen Zusammensetzung und dem Gefüge des eingeschweißten Metalls, ferner von der Sorgfalt der Herstellung der Schweiße.

Bezüglich der chemischen Zusammensetzung ist zu bemerken, daß der im Metall enthaltene Kohlenstoff und das Mangan teilweise verschwinden (verbrennen), sodaß die Festigkeitswerte des Materials vermindert werden. Weiter enthält die Schweiße nicht unbedeutende Mengen von Stickstoff und Sauerstoff. Letzterer bewirkt die sogenannte Rotbrüchigkeit, die wahrscheinlich durch Umhüllung der Eisenkristalle mit dünnen Oxydhäutchen verursacht wird. Die Grenze, bis zu der Stickstoff und Sauerstoff schädlich einwirken, ist noch nicht festgestellt, vor allem wohl deshalb, weil es keine exakte Methode zur Bestimmung von Sauerstoff und Stickstoff im Eisen giebt.

In Bezug auf das Gefüge steht fest, daß, je geringer die Korngröße, desto höher die Festigkeit im allgemeinen ist. Das Kristallinnere hat eine geringere Festigkeit wie die zwischen den Kristallen befindlichen Grenzschichten, und der Bruch soll normal durch die Körner (intragranular) erfolgen. Beim Schweißen ist das nicht so. In fast allen Fällen folgt der Bruch den Korngrenzen, was für die oben gemachte

Angabe spricht, daß die Körner von einem Oxydhäutchen umgeben sind. Eine Vergrößerung des Kornes ist bei richtig gehandhabter Schweißung nicht vorhanden.

Aus dem oben Erwähnten mag entnommen werden, daß die Schweiße nicht die nämliche Festigkeit haben wird, wie Stahlguß der gleichen Analyse. Im Vergleich mit gewalztem oder geschmiedetem Flußeisen kann man einen noch größeren Unterschied zu Ungunsten der Schweiße erwarten, besonders wenn Glühung und mechanische Durcharbeitung fehlen. Es ist also eine Minderfestigkeit der Schweiße zu erwarten, und man soll von diesen Gesichtspunkten die Schweißfestigkeitsprüfungen bewerten.

Wenn wir jetzt die verschiedenen veröffentlichten Festigkeitsversuche vergleichen (Tabelle V), so sehen wir, daß die Zerreißfestigkeit um 70 – 100 % der normalen schwankt, die Dehnung bei dem Zerreißen von 14 – 87,4 %; je niedriger die untere Grenze, desto höher die Schweißtemperatur.

Tabelle V

Art der Schweißung	Zerreiß-festigkeit in % von normal	Dehnung bei d. Zerreißen %	Temperatur Grad C.
Feuerschweißung	92,2—96	82—86	1000°
Widerstandsschweißung (stumpf und Abschmelz-verfahren)	85,2—100	60—87,3	1350°—1500°
Wassergasschweißung	78—100	44—87,4	1800°
Lichtbogenschweißung	70—100	14—80	3300°—3700°
Azetylensauerstoff-schweißung	76—100	20—86	3400°

Die unteren Grenzen der Zerreißfestigkeit und der Dehnung mögen der Unvollkommenheit der Schweißung bei den einzelnen Versuchen zugeschrieben werden; praktisch kann man rechnen, daß die Zerreißfestigkeit für alle Schweißverfahren bei einer gut ausgeführten Schweiße 80 – 100 % der normalen ist. Die Dehnung bei dem Zerreißen dürfte im allgemeinen besser sein, insbesondere für das autogene und Lichtbogen-Schweißen (s. auch Seite 61).

Eine Minderfestigkeit der Schweißung ist ohne erhebliche Bedeutung bei Reparaturen, da das Wesen der Reparatur eine Verminderung der Festigkeit der reparierten Teile meist erlaubt.

2. Festigkeit der Schweißnähte.

Um die Festigkeit der Schweißnähte zu beurteilen, sind in folgender Tabelle die Angaben der Schweißung von Eisenblechen von 15 mm Stärke, die von Diegel veröffentlicht sind, in Tabellenform geordnet. (Stahl und Eisen 1922). Die Schweißung war stumpf ausgeführt. Die durch Lichtbogen-Schweißung erzeugten Nähte wurden später auf Weißglut erhitzt und gehämmert, was bekanntlich für Lichtbogenschweißnähte ungünstig und unratsam ist (s. Dr. Neese und Hoehn). Da durch unsachgemäßes Hämmern insbesondere die Zähigkeit beeinträchtigt wird, sind aus der Tabelle die in der Quelle veröffentlichten Kaltbiegeversuche weggelassen worden.

Tabelle VI

	Zerreiß-festigkeit	Dehnung bei dem Zerreißen	Festigkeit v. H. von dem voll. Blech	Dehnung v. H.
1. Volles Blech	36,60	31,5	100	100
2. Autogene Schweißung (umhüllter Schweißdraht)	32,23	14,96	88,1	47,5
3. Autogene Schweißung (nackter Schweißdraht)	34,13	19,67	93,2	62,3
4. Lichtbogen-Schweißung (Elektroden Kjellberg)	35,86	23,76	98,0	75,4

Die umhüllten Schweißdrähte haben bei der autogenen Schweißung schlechtere Resultate ergeben, als die nackten (Nr. 2 der Tabelle). Die guten Erfolge umhüllter Elektroden bei Lichtbogenschweißung liegen folglich in der Eigenart dieser Schweißung.

Aus den gemachten Angaben ist zu entnehmen, daß die Nähte bei richtig ausgeführter Schweißung (Nr. 3 und 4 der Tabelle) eine Festigkeit von 93—98 % von dem vollen Blech haben. Bei guter Ausführung der Schweiße spielen also die erwähnten ungünstigen Einflüsse eine geringere Rolle, und die Schweißnaht hat eine bedeutend größere Festigkeit, als eine Nietnaht, von welcher die Festigkeit auf 66—80 % vom vollen Blech geschätzt wird.

Es gibt wohl keine Gründe, die Anwendung der Lichtbogen- oder der autogenen Schweißnähte in den Gebieten, wo sie die Nietnähte ersetzen, zu beschränken, wie z. B. im Schiff- oder Brückenbau.

Die Anwendung der Schweißung bei der Anfertigung von Kesseln soll besonders besprochen werden, da Behälter, die sich unter Hochdruck befinden und den Flammen zugänglich sind, speziell verantwortlich hergestellt werden müssen. Der Schweizerische Verein von Dampfkesselbesitzern hat im Jahre 1923 Versuche veranstaltet, die als Zusatz zu den früheren Versuchen der autogenen Schweißung (1914, 1921) dienen. Die Versuche sind in der Arbeit von Höhn „Ueber die Festigkeit elektrisch geschweißter Hohlkörper" 1924 veröffentlicht. Außer der Zerreißfestigkeit wurden auch die Biegewinkel bei Kaltbiegeproben, Kerbschlagproben und Härteproben (nach Brinel) festgestellt. Die Ergebnisse dieser Versuche haben gezeigt, daß die Lichtbogenschweißung unter Anwendung des Gleichstroms und mit Elektroden so dünn wie möglich durchzuführen ist. Alle Nähte müssen doppelseitig geschweißt werden. Die Anwendung eines V- und X-Profils der Schweißkanten ist notwendig; das Glühen elektrisch geschweißter Nähte scheint dem Schweißgut zu schaden. Im allgemeinen kann man diesen Versuchen entnehmen, daß die autogene und die Lichtbogenschweißung zur Vereinigung der wichtigsten Teile von Druckbehältern verwendet werden können unter der Bedingung sorgfältiger Ausführung der Schweißung durch geübte Arbeiter und bei Auswahl der geeigneten Elektroden und elektrischen Aggregate.

Das Obenerwähnte bezieht sich auf das Stumpfschweißen der Bleche. Das Schweißen überlappter Bleche oder mit Einzel- oder Doppellaschen gewährt die Möglichkeit, einer Schweißnaht größere Festigkeit zu geben, selbst als dem vollen Blech eigen ist. Die Ueberlappung ist für Bleche bis

10 mm Stärke anwendbar. Ueberlappungs- und Laschenschweißungen sind nur mittels Lichtbogenschweißung möglich, da die Wärme mehr auf die Schweißstelle konzentriert bleibt, ohne ein Werfen des Arbeitsstückes zu verursachen. Beim autogenen Schweißen wird ein großer Bereich des Bleches angewärmt, der durch Werfen Risse neben der Naht verursacht.

3. Festigkeit der Stumpfschweißung.

In letzter Zeit wird bei der Anfertigung von Maschinenteilen Stumpfschweißung angewendet. Die gewöhnliche Bewertung von Schweißungen in Prozenten der Festigkeit des vollen Stabes ist für diese Verfahren aus dem Grunde nicht zulässig, weil die Festigkeit der Schweißstelle, wenn der Stab außerhalb derselben zerreißt (und das ist bei fehlerlos geschweißten Proben die Regel), zahlenmäßig nicht feststellbar ist. Bei der Bewertung einer Schweiße in diesem Falle geht man von folgenden Betrachtungen aus: Stäbe, die innerhalb der Schweiße gerissen sind, werden in Prozenten von der Gesamtzahl der Proben gerechnet; außerdem werden Kaltbiegeversuche (mit 180°) ausgeführt. Die Versuche von Ingenieur Füchsel (Glasers Annalen 1924, Nr. 1124) sind in folgender Tabelle angegeben, um das Verfahren in diesem Falle zu kennzeichnen:

Tabelle VII

	Außerhalb der Schweißstelle gerissen v. H. der Gesamtzahl	Proben, die sich mit 180° biegen liessen v. H. der Gesamtzahl
Stumpfschweißung ohne Nachbehandlung	54,1	75
Stumpfschweißung mit Nachglühung in der Maschine	62,5	75
Abschmelzverfahren ohne Nachbehandlung	86,1	90

Die Ergebnisse der Versuche können als sehr günstig angenommen werden besonders für das Abschmelzverfahren.

VI. Anwendung des Lichtbogen-Schweißens.

1. Schweißpraxis.

Soll eine Lichtbogen-Schweißung gut ausfallen, so muß sie von gelernten Arbeitern vorgenommen werden, da nicht nur die fachmännische Vorbereitung des Stückes, sondern auch die handwerksmäßige Geschicklichkeit bei der Ausführung eine große Rolle für das Gelingen der Schweiße spielt.

Der Schweißer hält in der rechten Hand die Schweiß-Elektrode, in der linken den Augenschutz. Der Arm ist frei und leicht gebogen und liegt an dem Oberkörper an. Die Bewegung der Elektrode nach unten geschieht nach Maßgabe des Abbrennens aus dem Handgelenk. Arm und Hand irgendwie anzustrengen, ist durchaus zu vermeiden; wenn die Hand – besonders beim Anlernen – zu ermüden anfängt, so muß ihr genügend Ruhe gegeben werden, damit sie nicht erschlafft, denn von der sicheren, ruhigen Haltung und Führung der Elektrode hängt das Gelingen der Schweiße wesentlich mit ab.

Vor dem Beginn des Schweißens muß der Schweißer die richtige elektrische Kette herstellen, d. h. Minuspol gewöhnlieh an die Elektrode, Pluspol an das Werkstück. Bei dieser Verbindungsweise bildet sich im Werkstück ein Krater von normal nicht unter 1,5 mm Tiefe, der sich bei Bewegung der Elektrode während des Schweißens mit Elektrodenmetall anfüllt. Will man dünne Bleche schweißen, d. h. weniger als 2–2,5 mm dick, so kann man sie bei Anschluß an den Pluspol leicht verbrennen. In diesem Falle schließt man also die Bleche an den negativen, die Elektrode an den positiven Pol an unter Verwendung eines Schweißstromes von 50—60 Ampere und dünnen Elektroden von 2–3 mm Dicke.

Die Notwendigkeit, beim Schweißen einen Strom bestimmter Stärke anzuwenden, der sich je nach der Dicke und dem Maße des Schweißstückes ändert, erklärt sich daraus, daß dicke und daher die Wärme gut ableitende Gegenstände von großer Wärmeaufnahmefähigkeit schnell die Wärme von der Schweißstelle wegführen; um diese Wärmeverluste auszugleichen und die Schnelligkeit des Schweißens genügend zu steigern, muß man die Stromstärke entsprechend bemessen. Dies aber wiederum bedingt bei richtig gewählter Querschnittsbelastung die Größe des Elektrodendurchmessers. Die Querschnittsbelastung beträgt 7—12 Ampere auf den Quadratmillimeter des Elektrodenquerschnitts.

Die richtige Auswahl der Stromstärke beeinflußt eine wesentliche Bedingung guten Schweißens, nämlich die Eindringungstiefe ins Innere des Metalles. Ungenügende Stromstärke ergibt ungenügende Tiefe, umgekehrt kann zu starker Strom zu tiefe Einschnitte ins Metall wirken. Der Lichtbogen, mit dem geschweißt wird, darf weder zu kurz noch zu lang sein. Im allgemeinen soll die Länge des Lichtbogens nicht mehr als der Durchmesser der Elektrode betragen.

Damit die Elektrode den Bewegungen des Handgelenkes leicht folgen kann, muß das Zuleitungskabel leicht und biegsam sein. Um es gegen äußere Beschädigung zu schützen, empfiehlt sich Benähung mit Leder. Die hierdurch bedingte Verteuerung spielt gegenüber der längeren Lebensdauer keine Rolle. Unter Umständen ist Unterteilung des Querschnittes von Vorteil. Ist das Kabel zu steif, sodaß es den Bewegungen der Hand schwer folgt, so reißt derLichtbogen entweder ab, oder die Elektrode berührt das Werkstück. In beiden Fällen tritt eine Ungleichheit der Schweißung ein, die ihre Güte beeinträchtigt.

Nach W. Grobmann, Hamburg*), ist der Steigerung der Stromstärke aus folgenden Gründen eine gewisse Schranke gesetzt: Es sollen z. B. zwei 1" dicke Stahlplatten durch Ueberlapp-Schweißung verbunden werden. Soll mit hoher Stromstärke gearbeitet werden, um die Arbeit möglichst beschleunigt durchzuführen, so ist auch ein starker Schweißdraht erforderlich, da ein dünner Schweißdraht infolge der höheren spezifischen Strombelastung glühend würde. Da nun der Stromübergang stets an der kürzesten Strecke vor sich geht, so wird er von dem Rande des Schweißstabes überspringen und sich im Schweißstück einbrennen. An diesen Stellen gegenüber von a und b (s. Abb. 43) entsteht wohl eine gute Verbindung; aber in die Ecke läuft nur das abtropfende Schweißgut. Gerade die Stelle also, wo die Bleche aufeinanderliegen,

*) Hamburger Techn. Rundschau.

und wo aus Gründen der Festigkeit und Dichtigkeit eine innige Verbindung nötig ist, wird nur kalt geschweißt. Das von der Elektrode abtropfende Schweißgut lagert sich hier wohl ab, geht aber keine innige Verbindung mit dem Werkstück ein, da eine Kraterbildung in der Ecke nicht vorhanden ist. Um in solchen Fällen eine gute Schweißnaht zu erzielen, ist es unerläßlich, die Ecke erst mit einem dünnen Schweißdraht, d. h. mit geringer Stromstärke, zu füllen und dann über dieser Lage mit stärkeren Elektroden und Stromstärken weiterzuschweißen.

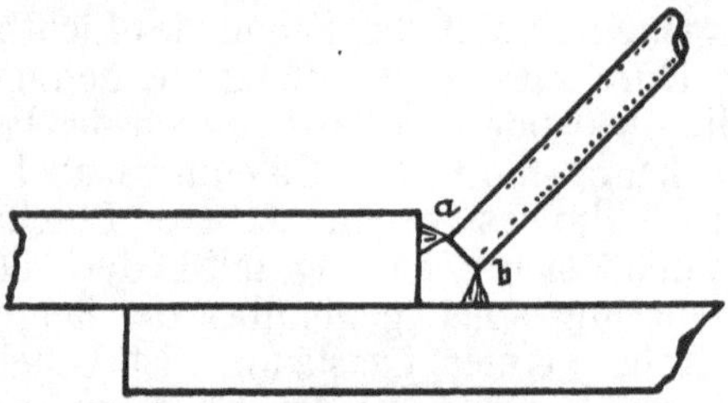

Abbildung 43. Gefahr kalter Schweißung bei einspringender Ecke

Zur Erzielung einer einwandfreien Schweiße ist es nötig, die Oberfläche der Schweißstelle vorher gut zu reinigen. Ganz selbstverständlich ist es, daß der Lichtbogen beständig und ruhig sein muß, was zum mindesten auch von der Schulung des Arbeiters abhängt. Natürlich spielt hierbei neben der Qualität der Schweißmaschine auch die Auswahl einer geeigneten Elektrode eine wesentliche Rolle, denn nicht jede Elektrode fließt gut und gleichmäßig.

Bei Bildung des ersten Kontaktes klebt die Elektrode manchmal am Werkstück fest. Durch leichtes Hin- und Herdrehen des Handgelenkes läßt sich die Elektrode abscheren. Man soll sie jedoch nicht schroff nach oben reißen. Es bildet sich so der Lichtbogen bei einer Bogenlänge von 2-3 mm, die nun konstant aufrecht erhalten werden muß. Nun beginnt das Metall zu schmelzen und setzt sich um so gleichmäßiger ab, je konstanter der Lichtbogen gehalten wird.

Die Elektrode pflegt schräg zur Schweißstelle gehalten zu werden, weil es so bequemer und die Schweißstelle besser zu sehen ist. Jedoch sollte die Abweichung des Schmelzstabes von der Senkrechten nicht größer wie nötig sein, da die Schmelzung des Metalls bei kleinstem Querschnitt, d. h. angenähert senkrechter Haltung, am gleichmäßigsten vor sich geht. Auch kann man so das Metall da niederschlagen, wo es hin soll.

Sollen Schweißungen gehämmert werden, so ist es besser, den Elektrodenhalter in die linke Hand, das Schutzschild in die rechte Hand zu nehmen, da sich die Hämmerung schneller und sicherer mit der rechten Hand ausführen läßt. Hat der Arbeiter also ein Sück geschweißt, so unterbricht er den Lichtbogen, behält in der linken Hand die Elektrode und legt das Schutzschild beiseite. Dann ergreift er den bereitliegenden, nicht zu schweren Hammer und hämmert die Schweiße solange sie rotglühend ist (700^0 C Magnet-Grenze 1. Abb). Bereits abgekühlte Schweißen zu hämmern, ist unbedingt zu unterlassen, da hierdurch die Schweißstelle brüchig wird. Man bedient sich der Schneide, um das Schweißgut am Grunde der V-Rinne gut zu erreichen. Der Hammer soll etwa 500 – 600 g wiegen.

Man schweißt nun die erste Lage Metall am Grunde ein, wobei besonders darauf zu achten ist, daß beide Seiten des Werkstückes gefaßt werden.

Die Hämmerung erfolgt ungefähr zweimal für eine Elektrode. Die Metall-Lage hat ungefähr 6-8 mm Dicke. Jetzt reinigt man die Oberfläche – am besten mit pneumatichem Meißel – und fährt fort, Lagen aufzuschweißen, bis die Rinne voll ist. Falls das Stück großen Kräften unterworfen werden soll, ist es gut, einen Wulst als Ausgleich etwaiger Fehler aufzuschweißen. Auch läßt sich durch Abmeißeln und Glattschleifen des Wulstes eine gute Prüfung der Schweißnaht vornehmen.

Das Werkstück wird jetzt umgekehrt und nun die Gegenrinne gefüllt, immer unter Beachtung genügenden Nachputzens mit dem Meißel und Hämmerns. Die Arbeit kann beliebig unterbrochen und wieder aufgenommen werden.

Bei Blechen bis etwa 20 mm Dicke, die wechselnder Belastung und Formänderung unterliegen oder die Wärme übertragen sollen, darf die Wulstverstärkung nicht über 1,5 mm betragen, damit die geschweißte Naht nicht wesentlich höher angestrengt wird als das übrige Blech. Bei schweren Schweißungen über 20 mm stellt die als zuläßig angesehene Verstärkung ein gewißes Verhältnis des Querschnitts dar, das in dem Maße abnimmt, wie die Größe des Querschnitts wächst. Nachstehende Tabelle gibt hierüber Auskunft:

Platten-Dicke δ in mm	Verstärkung
unter 20	nicht über 1,5 mm
20- 40	25 %
40- 60	15 „
60-100	10 „

Bezüglich der Größe des Böschungswinkels der beiden zu verbindenden Platten bestehen verschiedene Ansichten und abweichende Praxis. Die Amerikaner bevorzugen große Winkel, die Engländer kleine. Große Winkel verteuern die Schweißung durch Mehrverbrauch an Strom, Elektroden und Zeit und zwar in sehr erheblichem Maße; zu kleine Winkel erschweren genügende Bindung am Grunde. Um sowohl die wirtschaftliche als auch die qualitative Forderung zu befriedigen, wird folgende Richtschnur gegeben: Bei dünnen Platten von 1,6 mm bis zu 5 mm Dicke werden die Kanten stumpf geschweißt; bei Platten von 6 mm bis 25 mm werden die Kanten abgeschrägt, sodaß sie miteinander einen Winkel von 60—80° bilden, wobei die unteren Kanten 1,5-3 mm voneinander abstehen. Ist bei dickeren Platten als 25 mm ein Arbeiten von beiden Seiten möglich, so sollen die Enden oben und unten abgeschrägt werden.

Bei solchen Schweißverbindungen, wo Festigkeit weniger wichtig ist, es vielmehr nur auf Dichtigkeit ankommt, genügt eine Hohlnaht.

Bei Ueberlappung der Platten muß man beide Seiten schweißen, und man kann sich hierbei der „vollen“ oder der

„hohlen" Schweißung bedienen. Dies letztere liegt vor, wenn die Kehlhöhe K des Schweißdreieckes kleiner als $h = {}^1/_2\sqrt{2} \cdot \delta$ ist. Es ist stets vorteilhaft, wenn bei den üblichen großen Ueberlappungsbreiten von $\frac{a}{\delta} > 3$ die Schweißung als Hohlschweißung ausgeführt wird, da in diesem Falle die Festigkeit des vollen Bleches geringer ist als die Biegespannung der Schweißnahtquerschnitte. Der British Lloyd gibt folgende Tabelle:

Tabelle VIII.

Plattendicke δ mm	Ueberlapp-breite a mm	$\frac{a}{\delta}$	Kehlhöhe K mm	Abminderung (1—K/h) · 100 %
10	57	5,7	7,0	0
15	64	4,3	9,5	10
20	70	3,5	12,0	15
25	75	3,0	12,5	30

Als gute Anleitungen für Stoß- und Ueberlappungsschweißung können die nachstehenden tabellarischen Zusammenstellungen der A. E. G. dienen (Abb. 44 und 45).

Bei der Schweißung von langen Platten ist es notwendig, die Schweißnaht zunächst durch einzelne Schweißpunkte in Abständen von 20—30 mm vorzuheften; jedoch müssen diese Schweißpunkte, falls sie nicht unter Vorwärmung vorgenommen sind, mit dem Vorrücken der Schweißarbeit wieder entfernt werden, da sie nicht eine wirkliche Metallverbindung sondern nur eine vorläufige Heftung darstellen. Die Schweißung geht so vor sich, daß man je einen Zwischenraum überschlägt und den nächsten rückwärtsgehend schweißt, d. h. man sucht möglichst von der heißesten Stelle der letzten Schweißstelle wegzukommen und erhält auf diese Weise nur eine mäßige mittlere Temperatur der Naht bezw. des Bleches, da die einzelnen Schweißstellen genügend Zeit haben abzukühlen, so daß also die Ausdehnung des Metalls auf einen möglichst geringen Betrag beschränkt bleibt. Man kann natürlich auch eine größere Anzahl Zwischenräume überschlagen und dann rückwärtsgehend schweißen.

1. Minuspol an Schweißdraht, Pluspol an Schweißgut
2. Möglichst mit linker Hand schweißen, rechte für zulangen frei halten [Drahtbürste. Hammer]
3. Lichtbogen ziehen durch kurzes Berühren des Werkstückes mit dem Schweißdraht.
4. Lichtbogen so kurz wie möglich halten
5. Schweißdraht zickzackartig bewegen
6. Stärkere Stücke durch Aufeinanderlegen verschiedener Schweißlagen schweißen

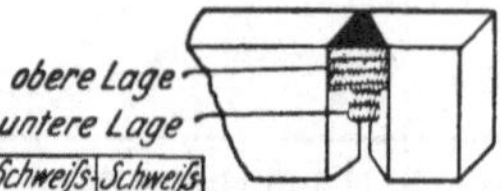

7.

Blechstärke mm	Vorbereitung der Schweißnaht	Schweißstromstärke Amp.	Schweißspannung Volt	Schweißdraht ⌀ mm *
1,5	0 mm	50	12	1
2	0,5 mm	60	16	2
3	1 mm	100	18	2
4–6	70°, 1 mm	120	18	3
6–8	70°, 1 mm	130	20	3
8–10	70°, 1,5 mm	150	20	4
10–15	60°, 1,5 mm	180	20	4
15–20	50°, 2 mm	200	22	5
über 20	70°, 70°, 1 mm	für X Vorbereitungen gelten für jede Seite analog die obigen Zahlen.		

* Für gevaute und geixte (V und X) Bleche wird für die untere Lage die Verwendung des nächst kleineren Schweißdrahtdurchmessers empfohlen.

Abbildung 44. Vorbereitung bei Stumpfschweißung.

Bei Kaltschweißung der Gußstücke ist es nicht zu vermeiden, daß an den Uebergangsstellen dünne harte Stellen zwischen Grundmaterial und aufgetragenem Material entstehen. Die über der Uebergangsstelle liegenden Schichten lassen sich wieder einwandfrei bearbeiten. Bei der Ausführung von Gußkaltschweißung ist daher darauf zu achten, daß die Uebergangsstelle so gelegt wird, daß sie bei einer späteren Nachbearbeitung nicht mehr getroffen wird. Z. B.

8.

Blech-stärke mm	Vorbereitung der Ueberlappung	Schweiß-strom-stärke	Schweiß-spannung	Schweiß-draht φ
		Amp.	Volt	mm
10+10	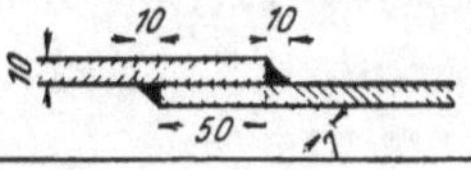	150	20	4
15+15	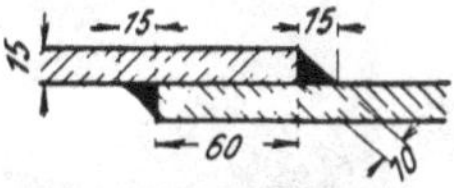	180	20	4,5
20+20	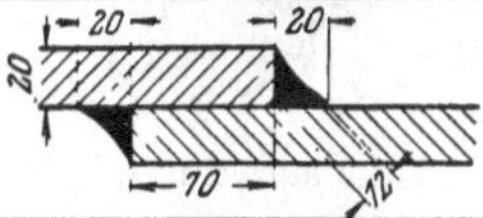	180	20	5
25+25	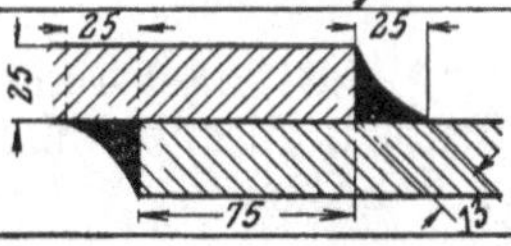	200	22	6

9. für jede Schweißstelle möglichst eine Stromquelle vorsehen
10. für »Ueber-Kopf« und Vertikalschweißen präparierte Schweißstäbe verwenden

Abbildung 45. Vorbereitung bei Ueberlappung.

wurde der Körper der Abbildung 46 zu groß gebohrt, und es soll die Bohrung durch Auftragen von Material verengt werden. Um zu vermeiden, daß der Stahl bei nachträglichem Ausbohren auf die schon vorhandene Härtung trifft, wurde der Körper vor der Schweißung noch um 2 mm weiter ausgebohrt.

Ein großes Anwendungsgebiet der Lichtbogenschweißung ergibt sich bei der Nachprüfung abgenutzter Teile. Die abgenutzten Flächen werden dabei wieder aufgetragen; ausgeschliffene Wellen, abgenutzte Randbandagen, verschlissene Kreuzköpfe usw. können unter Aufwendung geringer Kosten wieder instandgesetzt werden. Das Auftragen des Materials

Abbildung 46. Ausbuchsen durch Schweißung.

hat besondere Bedeutung für angestrengte Betriebe, wie Baggerei, Braunkohlengruben, Eisenbahnbetriebe, Cellulose- und sonstige chemische Fabriken.

2. Reparaturschweißungen von Gußstücken.

Die Beschädigungen an Gußstücken lassen sich etwa in drei große Gruppen einteilen:

a) gießereitechnische,
b) betriebliche,
c) zufällige.

Die Gruppe a umfaßt:

1. Lunkerbildung,
2. Steigerungen,
3. Porosität,
4. Rißbildung.

Die Beschädigungen dieser Gruppe sind insofern für eine Schweißprognose ungünstig, als sie auf prinzipielle Fehler beim Gießen zurückzuführen sind, die sich meist auf das ganze Gußstück erstrecken, sodaß, selbst wenn eine sichtbare Stelle durch Schweißung ausgebessert werden kann, die Vermutung offen bleibt, daß noch weitere Fehlstellen im Innern versteckt sind, die entweder erst bei der Bearbeitung oder noch später, im belasteten Betrieb zum Vorschein

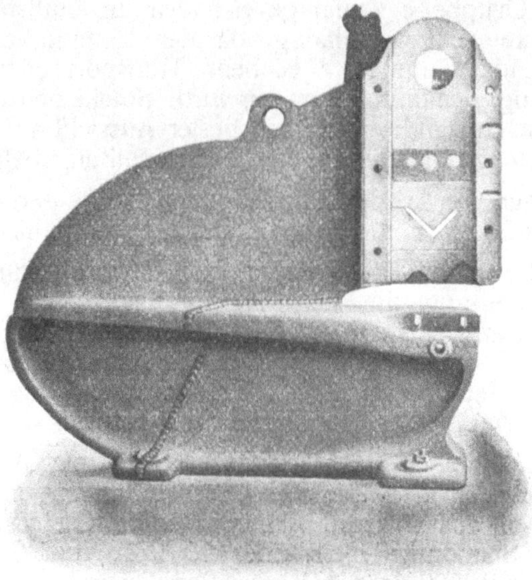

Abbildung 47. Geschweißte Blechschere.

kommen. Dies gilt besonders bei den ersten drei Arten der Fehler, während die vierte Gruppe infolge der durch das Reißen eingetretenen Entspannung erheblich günstigere Vorbedingungen bietet.

Die Gruppe b (Betriebsschäden) ist meist auf Ueberanstrengung des Gußstückes im Gebrauch zurückzuführen. Normalerweise bricht ein solcher Teil entweder im gefährdeten Querschnitt oder an einer relativ schwachen Stelle, die eine Zusatzspannung nicht mehr aufnehmen kann. Wird ein solcher Teil mit vollem Erfolg geschweißt, so werden hierdurch die betrieblichen Bedingungen nicht berührt, und es ist anzunehmen, daß der Gegenstand später im Betrieb von neuem überanstrengt und zum Bruch gebracht wird. Abbildung 47 zeigt z. B. eine Blechschere, die im Betrieb genau im gefährdeten Querschnitt brach und trotz bestens ausgeführter Schweißung abermals beschädigt wurde.

Die Gruppe c (zufällige Schäden an Gußstücken) ist naturgemäß sehr reichhaltig, da der Empfindlichkeit des Materials nicht immer, z. B. beim Transport oder bei der Bearbeitung, Rechnung getragen wird. Solche Schäden lassen sich meist einwandfrei und mit bester Aussicht auf dauernde Haltbarkeit durch eine angepaßte Schweißung beheben.

Je nach der Art der Beschädigung, Größe und dem Wert des Gußstückes ist die Schweißmethode zu wählen.

In Bezug auf Vorbereitung und Durchführung ist die Warmschweißung die teuerste, allerdings auch in vielen Fällen die aussichtsvollste. Die Beschreibung der Methode ist auf den Seiten 20, 21 angegeben. Es ist noch hinzuzufügen, daß diese Methode im allgemeinen angewendet werden soll, wo Vorwärmung des Gußstückes möglich ist.

Die **Kaltschweißung** von Gußstücken unter Anwendung von Eisenelektroden gestattet, Schweißungen mit großer Genauigkeit auszuführen. Hierbei sollte Gleichstrom von niedriger Spannung, nicht über 20 Volt, und Stromstärke nicht höher als 200 Amp. bei guter Regulierbarkeit angewendet werden, da hierdurch die Möglichkeit des Verbrennens des Metalles und der Blasenbildung in der Schweiße beschränkt wird, was bei zu langem Lichtbogen eintreten kann. Es ist bei dieser Methode von Vorteil, umhüllte Elektroden zu verwenden. Jede Lage aufgebrachtes Schweißmetall, von unten beginnend, muß mit einem leichten Treibhammer durchgehämmert werden, damit keinerlei freie Schrumpfspannungen in der Schweiße zurückbleiben. Mehr als eine Lage soll nicht gehämmert werden, da die Wirkungstiefe eines leichten Hammers nicht weiter als einige Millimeter reicht. Durch das Hämmern wird Zähigkeit und Zugfestigkeit des Schweißgutes verbessert, die Schlacke entfernt und die Struktur der Schweißnaht verfeinert. Besonders bei der Schweißung von

Gußeisen muß jeder Quadratzentimeter von aufgetragenem Metall, wie es aufgebracht wird, gehämmert werden. Abbildung 48 zeigt ein kaltgeschweißtes gußeisernes Elektromotorengehäuse, das einer Serie solcher Reparaturen angehört.

Abbildung 48. Geschweißtes Gußgehäuse.

Vor Beginn der Arbeit ist vor allem festzustellen, daß mit der Elektrode die ganze Oberfläche des Bruches erfaßt wird. Es muß eine Rinne hergestellt werden, wobei die Entfernung des Materials mit Hilfe von Meißel und Hammer, pneumatisch oder durch einen autogenen Schneidbrenner erfolgen kann. Um die Oberflächen im letzten Falle zu glätten, kann man mit dem Meißel nachhelfen.

Bei Gußkaltschweißungen setzt man für die Erhöhung der Haltbarkeit Stahlstifte ein. Auf den Abbildungen 49–52 ist eine Methode der Verwendung von Stiften gezeigt. Der in Abbildung 49 zu sehende Riß wird laut Abbildung 50 mit einer V-förmigen Rinne versehen. Das schräge Ausschneiden des Risses hat den Nachteil, daß die Schrumpfung des Füllgutes die Böschungen des Kanals gegen die geneigten Schneiden des Füllgutes preßt mit dem Ergebnis, daß dieses aus dem Gußstück herausgedrückt wird. Um diesem vor-

Abbildung 49. Gesprungenes Cylindergehäuse

Abbildung 50. Das gleiche Gehäuse mit verbreiteter Rinne.

zubeugen, sind, wie aus Abbildung 51 zu ersehen ist, starke Stifte in die Kanalböschungen gestaffelt eingesetzt, so daß die Schweiße wie ein Geflecht herumgelegt werden kann.

Das Einsetzen der Stifte kann auf sehr verschiedene Arten geschehen, je nachdem man einen Riß oder Bruch

Abbildung 51. Die Rinne mit Stiften versehen.

auf der ganzen Tiefe oder nur an der Oberfläche fassen will. Im ersteren Falle ist zu bedenken, daß das Gußeisen

Abbildung 52. Nach der Schweißung.

im Innern einer dicken Wandung geringere Bindung erwarten läßt als an der Oberfläche, und daß daher der aus der Praxis der Flußeisenschweißung übernommenen Methode (V- und X-Nähte) meist die innere Berechtigung fehlt, da infolge des höheren Graphitgehaltes der tieferen Schichten wegen der geringen metallischen Bindung kein Zuwachs an Festigkeit durch V-Naht eintritt.

Andererseits besitzt die Oberfläche der Gußstücke eine bessere Eignung zum Schweißen, und es ist daher oft zweckmäßig, diesen Vorteil auszunutzen und demgemäß Stifte nur an der Oberfläche anzuordnen ohne das Ausschneiden einer V-Naht. In diesem Falle erweitert man den Riß an der Oberfläche zu einer quadratischen Rinne (Abbildung 53) von 6–12 mm Tiefe und schweißt sie bis zum Rande dicht. Der erste Stift in dem Gußstück soll so nahe als möglich an der Bruchlinie sitzen. Seine Anordnung ist bestimmt durch Dicke und Form des Gußstückes, Durchmesser des Stiftes und die Anzahl der Raupen, welche den Stift bis zum Riß umgeben sollen. Die Stifte sollen so weit über der Oberfläche hervorstehen, daß sie sich durch die erste Schweißlage hindurch erstrecken, so daß gute Bindung zwischen ihnen und der zweiten Lage erhalten werden kann.

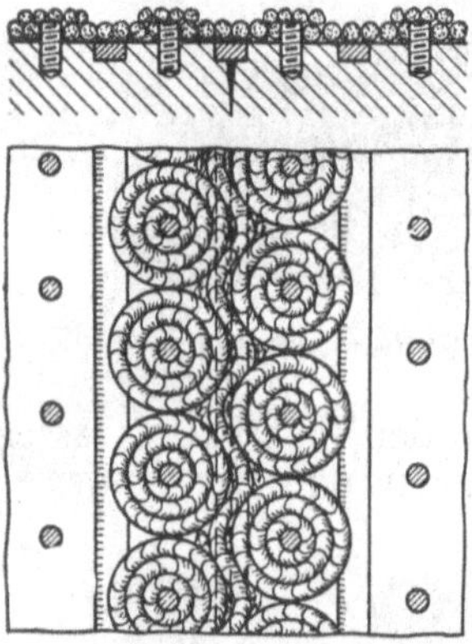

Abbildung 53. Vorbereitung zur Stiftschweißung.

In gleicher Weise bestimmt sich auch der Abstand der Stifte voneinander. Sie sollen zwar möglichst dicht nebeneinander sitzen, aber doch so viel Spiel haben, daß das Schweißgut ohne Schwierigkeit auf die Oberfläche gebracht und mit dem Hammer bearbeitet werden kann. Rinnen sollten auch zwischen die Stiftreihen gelegt werden, wenn mehr als eine Reihe Stifte nötig ist und auch an die Außenseite der geschweißten Fläche. Bei der ersten Lage werden alle Stifte ringsum geschweißt, ohne auf ihre Verbindung untereinander zu achten. Sodann werden die weiteren Lagen aufgebracht, wobei auf einen gewissen konischen Verlauf nach oben zu achten ist. Schließlich werden die Stifthaufen untereinander verbunden, ausgenommen im Bereich des Risses, damit die Hauptschrumpfung vollendet ist, wenn diese wichtigste Verbindung vollzogen wird. Der Schweißvorgang soll langsam durchgeführt werden, damit die absorbierte Hitze auf ein Minimum beschränkt bleibt, da das Gußstück niemals so warm werden darf, daß sich dadurch der Bruch ausdehnen und erweitern könnte. Die durch die Schweißung gefüllte quadratische Rinne schließt den Bruch und bietet dem Schweißgut beider Seiten einen Halt, um beim Schrumpfen die anliegenden Seiten des Gußstücks zusammenzuziehen. Die anderen Rinnen erhöhen die Festigkeit und bewirken dichten Abschluß der Schweiße.

3. Schweißung im Kessel- und Behälterbau.

Die Lichtbogenschweißung hatte sich in der ersten Zeit ihrer Entwicklung darauf beschränkt, solche Konstruktionsglieder miteinander zu verbinden, die nur geringen Beanspruchungen ausgesetzt wurden, oder wo bei Ausbesserungsarbeiten geringen Umfangs die Billigkeit des Verfahrens und die Einfachheit der Anwendung den Ausschlag gaben. Inzwischen haben die Vorteile der Lichtbogenschweißung, welche vor allem in der durch Schnelligkeit der Ausführung bedingten Zeitersparnis, ferner in der geringen Ausdehnung der erwärmten Flächen des Arbeitsstückes und — gegenüber der autogenen Schweißung — in dem Fortfall einer mit der Gaserzeugung möglichen Explosionsgefahr zu suchen sind, ihr Anwendungsgebiet auch auf verantwortliche Verbindungen ausgedehnt.

Sicherlich ist ihre Anwendung bei der Herstellung unter hohem inneren Druck stehenden Behältern und Kesseln als ein Wendepunkt dieser Entwicklung anzusehen; denn hier entscheidet nicht das wohlwollende Gutdünken der verantwortlichen Persönlichkeiten, sondern die Feuerprobe der praktischen Bewährung. Insofern ist diese Entwicklungsstufe von allgemeiner und weittragender Bedeutung auch für solche Fabrikationszweige, wie beispielsweise den Schiffbau, den Eisenhochbau, wo in den Verbänden und Anschlußstellen wohl auch große Kräfte zu übertragen sind, jedoch bei weitem nicht unter solch schwierigen Betriebsbedingungen wie im Dampfkesselbau. Die Aufsichtsbehörden dieser Industriezweige zeigen sich noch zurückhaltend gegenüber der Schweißung tragender Teile; mit den offensichtlichen Fortschritten im Kessel- und Behälterbau dürfte auch hier auf größeres Entgegenkommen zu rechnen sein.

Wenn man auch im Herstellungsverfahren seither von der Lichtbogenschweißung nur einen beschränkten Gebrauch gemacht hat, so hat doch die Erprobung ausgeführter Kessel und Behälter erwiesen, daß elektrisch geschweißte Druckgefäße mehr aushalten als genietete. Eingehende Versuche hierüber sind von der Vilter Manufacturing Company of Milwaukee angestellt worden, die in einer Abhandlung der American Society of Mechanical Engenieers veröffentlicht sind*). Der Hauptzweck dieser Versuche war, die Festigkeit und das Verhalten eines bestimmten Typs handelsüblicher Druckbehälter mit elektrisch geschweißten Kopfverbindungen gegenüber anderen Verbindungsarten vor Augen zuführen. Die Behälter bestanden aus überlappt geschweißtem Rohr von 16 bzw. 10" äußerem Durchmeßer und waren mit kugeligen, geflanschten Köpfen abgeschloßen (s. Abbildung 54)

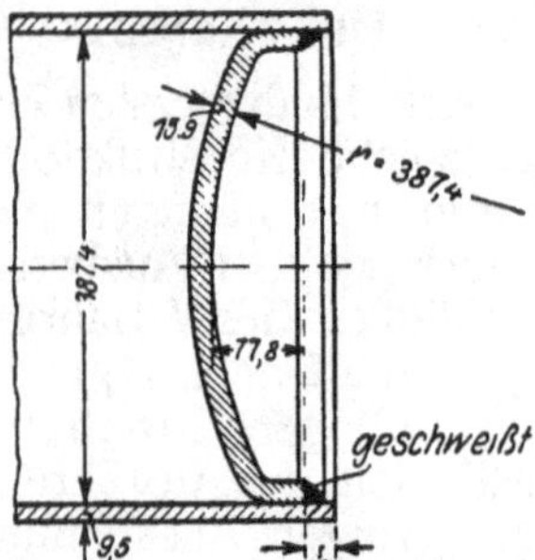

Abbildung 54. Probebehälter.

Das Prüfergebnis war im einzelnen das folgende:

Nr. 1. Elektrisch eingeschweißte Böden: Bei einem Druck von 123 at. begann die Verbindung zu rinnen. Der Behälter hatte seinen Umfang sichtlich vergrößert, infolge Ueberschreitung der Elastizitätsgrenze des Materials. Bei 135 at. trat Leckage am Eintrittsstutzen ein. Ein neuer Stutzen wurde aufgeschweißt und der Druck auf 151 at. erhöht, wobei das Probestück zu Bruch ging infolge der Umfangsspannung im Mantel. Der Riß ging vom Stutzen

*) Siehe auch The Welding Engineer, Mai/Juni 1922.

aus und zog sich in der Längsüberlappung hin. Ein Umstülpen der Böden fand nicht statt.

Nr. 2 *Gasgeschweißte Böden*: Kein Rinnen während der Prüfung. Bei 151 at. wurde einer der Böden umgestülpt und bei 155 at. mit Gewalt herausgeschleudert.

Als Ursache ist vereinigte Längsspannung und Biegung anzusehen. Der Bruch erfolgte im Mantel auf einem Kreisumfang, unmittelbar an der Schweißstelle. Ebenfalls ging ein Riß durch die Außenseite des geschweißten Metalls, was auf lokale Biegung zurückzuführen sein dürfte.

Nr. 3. *Genietete Böden*: Bei einem Druck von 84 und 112 at. begannen beide Böden gleichzeitig in den Nieten zu lecken und der Mantel in der Schweißung des Stutzens. Der Stutzen wurde ersetzt. Bei einem Druck von 127 at. wurde das Lecken so stark, daß es unmöglich war, den Druck mit der Handpumpe weiter zu vergrößern. Das Probestück wurde daher an eine Dampfpumpe angeschloßen, und der Druck auf 148 at. gesteigert, wo wiederum das Lecken der Drucksteigerung ein Ziel setzte. Daher ging dieser Behälter weder zu Bruch, noch stülpten sich die Böden aus.

Nr. 4 und 5. Dieses sind Proben, wobei sowohl die Böden als auch die Mäntel *gasgeschweißt* sind, jedoch von verschiedenen Schweißern, um den Persönlichkeitsfaktor festzustellen. Das eine Probestück riß bei 112 at., das andere schon bei 91 at. Der Bruch erfolgte bei beiden längs der Schweißstellen der überlappten Längsnaht. Der Behälter sprang plötzlich mit lautem Knall auf der ganzen Länge entzwei.

Nr. 6. Bei dieser Probe sind die Böden und der Mantel *elektrisch geschweißt*. Verhalten ähnlich wie 4 und 5. Der Bruch erfolgte bei 98 at.

Nr. 7. Diese Probe war so eingerichtet, daß der Bruch in der Bodenverbindung erfolgen mußte. Sie bestand aus drei Mänteln von 10, 12 und 14" Durchmesser, die konzentrisch ineinander gesteckt, und deren Zwischenräume mit Zementmörtel ausgefüllt waren. Die Böden waren *elektrisch geschweißt*. Der eine Boden stülpte sich bei 316 at., der andere bei 338 at. um; der Druck fiel ab; als er auf 334 at. erhöht wurde, trat der Bruch ein, wobei der zuerst ausgestülpte Boden mit Gewalt herausgeschleudert wurde.

Nr. 8. Diese Probe war genau so eingerichtet wie Nr. 7, nur daß die Böden gasgeschweißt waren. Rinnen trat bei einem Druck von 288 at. ein. Die Leckage an der Schweißung verhinderte die Anwendung eines höheren Druckes als 306 at. Hierbei zeigten sich Risse in der Bodenschweißung; bei einer derselben trat Wasser aus.

Nr. 9. Spezialprobe, wobei ein Boden elektrisch geschweißt, der andere geschweißt und genietet war. Am genieteten Boden trat bei 123 at. Rinnen ein. Der Bruch erfolgte bei 176 at. Der Riß lief längs der Ueberlappschweißung des Mantelrohres.

Während der Versuche wurden Dehnungsmessungen vorgenommen, und aus diesen Spannungen errechnet unter Zugrundelegung eines Elastizitätsmoduls von 2039000 kg/cm^2.

Es ergibt sich, daß die Schweißstelle stärker als irgendein anderer Querschnitt ist, und in der Tat nirgends ein Bruch in der Berührung zwischen Schweiße und Mantel gefunden wurde. Die Biegespannungen sind infolge der weitgehenden Einspannungen der Kopfenden sehr hoch; jedoch ergibt die Messung, daß die Nietung sich erst bei Drücken über 70 at. etwas biegsamer erweist als die Schweißung, also in einem Druckbereich, der bereits bleibende Formänderung im Gefolge hat, die bekanntlich bei Nietverbindungen infolge Aufhebung des Reibungsschlusses schnell zur Zerstörung führt und Leckage bedingt. Auch die hierzu angestellten Kontrollversuche mit aus den Behältern herausgeschnittenen Versuchsstäben bestätigten, daß die Schweiße intakt blieb, während das Metall des Mantels aufriß. Obwohl die Exzentrizität der Schweißnaht groß gewählt war, also für diese ungewöhnlich ungünstige Verhältnisse bestanden, so war es doch unmöglich, die Schweißnaht zu Bruch zu bringen. Die Gleichförmigkeit der Schweißmasse erwies sich bei der Lichtbogenschweißung als wesentlich besser wie bei der Gasschweißung. Die erstere zeigte einen gleichmäßigen Zusammenhang; es konnten keinerlei poröse Stellen festgestellt werden. Bei der letzteren dagegen, welche infolge Abscherung zu Bruch ging, konnten solche Stellen und unverbundene Flecke nachgewiesen werden. Die hohe gleichmäßige Festigkeit der Lichtbogenschweißnaht über ihre ganze Länge in bezug auf Zug, Scherung und Biegung wird besonders hervorgehoben.

Als Luftdruckakkumulatoren — beispielsweise für Schwenkwerke von Festungsartillerie — ferner als Behälter für Druckluft von Dieselmotoren, sind elektrisch geschweißte Hochdruckgefäße mit Probedrücken von 40 bis 300 kg/cm² schon des öfteren ausgeführt worden, und zwar mit Genehmigung der Klassifikationsgesellschaften (Büro Veritas und Norske Veritas).

Abbildung 55. Serie geschweißter Druckluftbehälter.

Abbildung 55 zeigt eine Serie solcher Behälter. Wie hieraus zu ersehen, sind auch die Mannlochringe sowie alle Rohrstutzen aufgeschweißt, ebenso etwaige Winkelringe und Halter. Erst durch diese ausschließliche Anwendung des

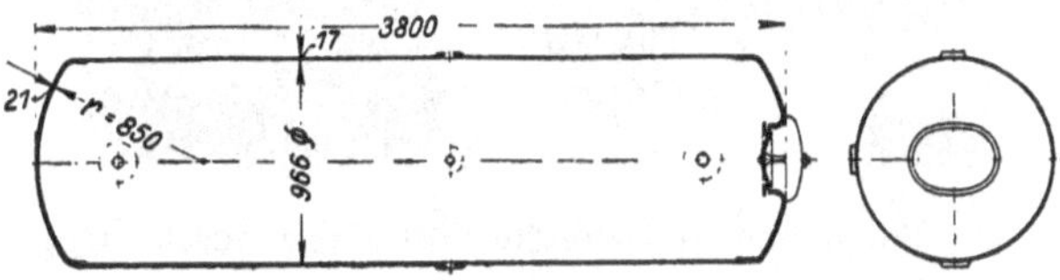

Abbildung 56. Geschweißter Druckluftbehälter.

Verfahrens können diejenigen wirtschaftlichen Vorteile voll ausgenutzt werden, die in der Ersparnis sonst notwendiger Werkzeugmaschinen, Transmissionen und des üblichen Zubehörs zum Bohren, Stemmen und Nieten bestehen. In Abbildung 56 ist eine Konstruktionszeichnung gegeben. Die Kopfstücke sind durch Stumpfschweißungen mit den geschweißten Zylindermänteln verbunden.

Im Hilfs- und Kleinkesselbau hat die Lichtbogenschweißung mit Erfolg Einzug gehalten und bereits zur serienweisen Fabrikation geführt. Abbildung 57 zeigt einen

Abbildung 57. Geschweißter Heizkessel.

seit September 1914 in Betrieb befindlichen Heizungskessel, der vollständig geschweißt ist. Die Kessel werden entweder mit Heizröhren oder mit Galloway-Feuerbüchse ausgestattet. Alle Stöße und Verbindungen, die mit Heizgasen in Berührung kommen, werden geschweißt.

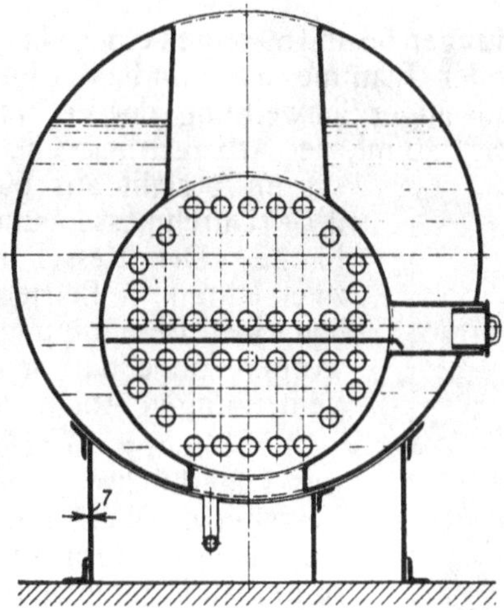

Abbildung 58.

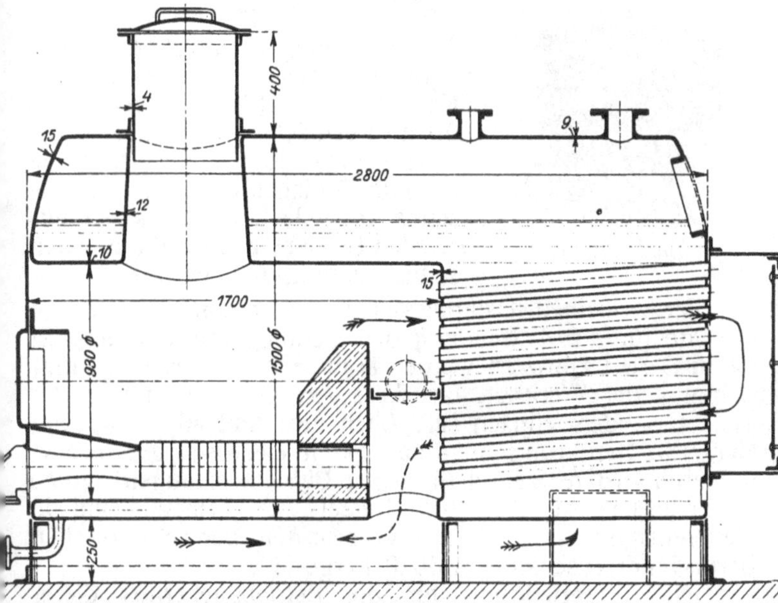

Abbildung 59. Geschweißter Dampfkessel für minderwertigen Brennstoff.

Die Abbildungen 58 und 59 zeigen einen Niederdruckkessel mit rückkehrender Flamme für minderwertigen Brennstoff, ebenfalls mit allseitiger Schweißung der Verbindungen. Die Heizfläche beträgt 20 m², der Arbeitsdruck 3 at. Das Röhrensystem besteht aus 69 Rohren von $2^1/_2$" Durchmesser und 1120 mm Länge. Der Kessel ist seit über zwei Jahren in Betrieb; er ist kürzlich einer Besichtigung unterworfen worden, ohne daß sein Zustand zu Bemerkungen Anlaß gegeben hätte.

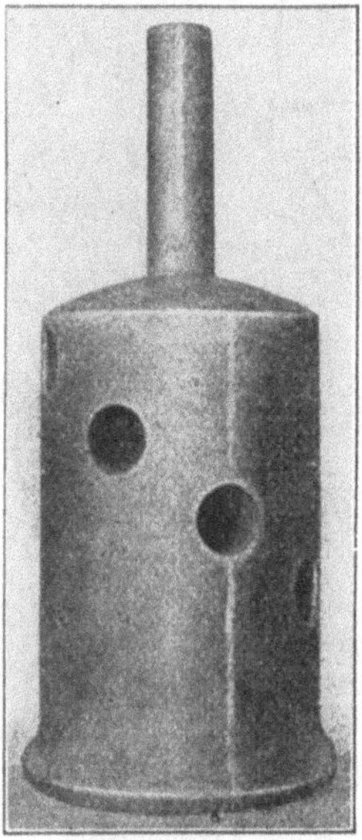

Abbildung 60.

Abbildung 60 zeigt die Galloway-Feuerbüchse einer stehenden Kesseltype. Nicht nur die Hauptlängsnaht, sondern auch die Siederohre sind geschweißt, und dieses Gebilde wiederum ist in den Hauptkesselmantel eingeschweißt.

Abbildung 61 zeigt die Konstruktionseinzelheiten eines solchen Kessels von 4,5 m² Heizfläche, 0,4 m² Rostfläche und 8 at. Arbeitsdruck. Die Rauchgase treten je nach der örtlichen Lage des Schornsteins entweder durch den senkrechten Schacht a oder durch einen seitlichen Stutzen b ins Freie.

Diese kleinen Dampfkessel bilden besonders günstige Objekte für die Anwendung der Lichtbogenschweißung, da sie in Serien fabriziert werden können, und hierbei die Einrichtung der Werkstatt für diese Art der Verbindung der Teile besonders einfach ist. Auch hier sind alle Stöße und Nähte in Berührung mit Rauchgasen elektrisch geschweißt, wodurch größte Sicherheit gegen Betriebsstörungen infolge Undichtigkeit gegeben ist. Kessel und Armatur sind in Uebereinstimmung mit den Vorschriften der schwedischen Berufsgenossenschaft von 1920 hergestellt.

Die Verantwortung für die Betriebssicherheit dieser kleinen Kessel ist sicher nicht minder groß wie für Hauptbetriebskessel, läßt doch die Wartung dieser Kesselart oft vieles zu wünschen übrig. Sie bilden eine gute Vorstufe für den Großdampfkesselbau.

Im Großkesselbau ist ein bei der Firma R. & W. Hawthorn Leslie & Co. in Newcastle-on-Tyne mit vollständigem Ersatz der Nietung durch Lichtbogenschweißung hergestellter Schiffskessel seit Frühjahr 1920 unbeanstandet in Betrieb. Dieser Kessel ist in Nr. 46, Jahrgang 1921 der Zeitschrift „Stahl und Eisen“ ausführlich beschrieben. Er hat einen lichten Durchmesser von 4,73 m, eine Länge von $3^1/_2$ m und enthält drei Flammrohre. Die gewählte Verbindung der Kesselteile kann sicher verbessert werden, so daß eine noch größere Sicherheit und weitergehendere Ersparnis an Arbeitslohn bei künftigen Neubauten zu erwarten steht.

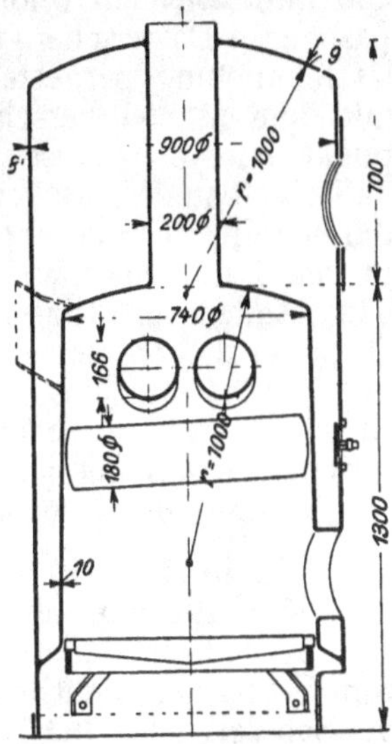

Abbildung 61.
Geschweißter Hilfskessel.

Die Feuerkammerdecke ist in der Längsrichtung an den Seiten um zirka 15“ heruntergeführt und hier mit den Seitenblechen stumpf geschweißt. Abbildung 62 gibt einen Schnitt durch die Verbindung zwischen Stirnwand und Mantelblech. Die tiefe Einfräsung in das Mantelblech, ähnlich der Rille an einem Faß zur Aufnahme des Bodens, ist Gegenstand der Kritik gewesen. Die Zeit hat aber bewiesen, daß diese Art der Verbindung keine Gefahr in sich schließt, da das eingeschweißte Metall nicht etwa wie ein eingezogenes Niet einen losgelösten Heftkörper darstellt, sondern mit dem Grundmaterial ein vollwertiges Ganzes bildet, das einen

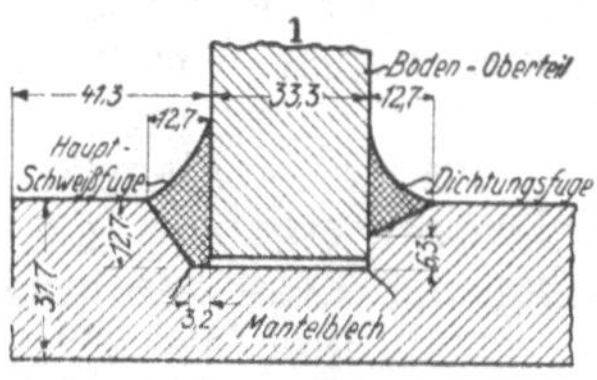

Abbildung 62.
Einzelheit einer Kesselschweißung.

vollkommenen Ersatz für den anfänglichen Kerbverlust bietet. Der Kesselmantel besteht aus zwei Teilen. Der untere Teil umfaßt 74 v. H., der obere 26 v. H. des Gesamtumfanges, so daß die Längsnähte oberhalb des Wasserspiegels angeordnet werden konnten. Sie sind auf eine Strecke von je rund 250 mm von den Enden vollständig geschweißt und ohne Laschen. Dazwischen ist die Naht durch normale Doppellaschennietung hergestellt und die Laschenkanten sind völlig mit dem Mantel verschweißt. Es ist hierbei der Gesichtspunkt leitend gewesen, bei Bewährung der Schweißnähte im Kesselbau die Laschennietung bei neuen Kesseln allmählich durch reine Schweißung zu ersetzen, ein Fortschritt, der Hand in Hand mit einer vollwertigen Anerkennung der Schweißnähte seitens der Klassifikationsgesellschaften zu gehen hätte. Die gesetzlichen Bestimmungen gestatten, die Schweißnaht mit 70 v. H. der Festigkeit des vollen Bleches in Rechnung zu setzen, was ungefähr dem Gütegrad der Nietung entspricht, so daß der volle Vorteil der Schweißung gegenüber der Nietung nicht zur Geltung kommen kann.

Alle drei Feuerkammern sind ganz eingeschweißt. Außerdem sind die Flanschen der Feuerbüchsen nach ihrer Vernietung mit der Feuerkammer und der Stirnwand geschweißt zum Ersatz des Dichtstemmens. Die zusammengelegte Länge der Schweißnähte beträgt ungefähr 170 m. Das Gewicht des verbrauchten Elektrodeneisens ist ungefähr gleich dem der sonst üblichen Nieten. Der hydrauliche Probedruck betrug 25 at., der Arbeitsdruck ist 12,6 at. Die geschweißten Nähte haben sowohl bei der Druckprobe als seither im Betrieb – der Kessel befindet sich seit Frühjahr 1920 im Dienst — niemals Anzeichen von Undichtheit oder Schwäche ergeben. Der beschriebene Kessel ist von Wyber, Chef der Kesselbaufirma im St. Peters-Werk, in Vorschlag gebracht und als „Hawthorn-Wyber-boiler“ bekannt geworden. Der Bauart lag der Gedanke zugrunde, einen Dampfkessel herzustellen ohne Flanschung von Blechteilen, deren Ausführung große und kostspielige Arbeitsmaschinen, eine Menge Brennstoff und Arbeitslohn erfordert. Konstruktion und Bau sind von Lloyds Register of Shipping, British Corporation, Bureau Veritas und Board of Trade genehmigt, und die Ausführung wurde unter „Special-Survey“ überwacht. Ein ausgebildeter Schweißer kann die ganze Schweißarbeit für solch einen Dampfkessel in 6 Wochen vollenden, so daß 6–7 Schweißer die Arbeit im Verlauf einer Woche bewältigen können. Vergleicht man zwei Werkstätten miteinander, die beide je einen Dampfkessel je Woche liefern können, wobei die eine nach hergebrachter Weise mit geflanschten und genieteten Teilen, die andre mit Hilfe von Lichtbogenschweißung fabriziert, so ist wohl klar, daß bei der letzteren die ganze hydrauliche Flanschanlage samt Glühofen und Nietmaschinen, die für den genieteten Kessel erforderlich sind, bei Herstellung des geschweißten Kessels entbehrlich werden, und somit neben dem Arbeitslohn für Bedienung dieser Einrichtungen auch die Anschaffungs-, Unterhaltungs- und Amortisationskosten dafür in Wegfall kommen. Die Brennstoffersparnis für jeden solchen Kessel ist zu 20 t Kohle und 7 t Koks berechnet worden. Für jeden Boden wird ferner die Arbeit zum Bohren von 320 Nietlöchern samt Niet- und Stemmarbeit gespart und in jeder Feuerkammer die gleiche Ersparnis für 300 Nieten gemacht.

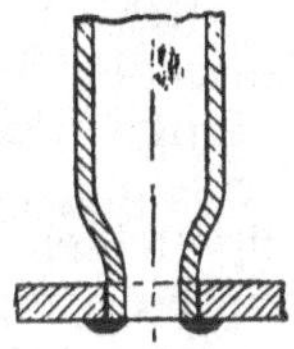

Abbildung 63. Siederohreinschweißung.

Auch im Lokomotivbau – besonders dort, wo eiserne Feuerbüchsen im Gebrauch sind – wird die Lichtbogenschweißung an vielen Stellen als Verbindung verwendet. Mit Verschweißungen der Siederohre in der hinteren Wandung sind die besten Ergebnisse erzielt worden, und es wird diese Befestigungsart an Stelle des Einwalzens allgemein angewendet. (Abb. 63.)

Durch die Schweißungen der Siederohre ist in Amerika die mittlere Betriebslauflänge der Lokomotiven bis zur Werkstattüberholung von 100 000 auf 200 000 Meilen, in Rekordfällen sogar auf 275 000 Meilen, für Güterzuglokomotiven von 45 000 Meilen auf 100 000 Meilen erhöht worden, was in einer Periode der Lokomotivknappheit oder starker Anspannung der Transportleistung von nicht zu unterschätzender Bedeutung ist. Die Schweißung einer Pacific-Lokomotive soll in 12 Stunden ausgeführt worden sein, so daß also je Stunde 18–20 Rohrenden verschweißt wurden.

4. Schweißung im Schiff- und Eisenbau.

Die Verbindung aller Bauteile des Rumpfes zu einem festen und dichten Schwimmkörper ist eine der fundamentalen Anforderungen für einen sicheren Schiffsbetrieb. Der Sicherheitsgrad der Nähte und Stöße der Außenhaut ist gleichbedeutend mit dem Sicherheitsgrad des ganzen Schiffes; denn bei jedem Bauwerk ist die Sicherheit abhängig von der Sicherheit des am meisten gefährdeten Bauteils. Dies ist aber bei einem Schiff die Außenhaut des lebenden Werkes, welche nicht nur die Spannungen des ganzen Trägers als Gurtung zu übertragen und den Druck des Wassers auszuhalten hat, sondern die auch durch ihre absolute Dichtheit die Schwimmfähigkeit des Schiffes unter allen noch so schweren Betriebsbedingungen sicher stellen muß.

Der Eisenbau kennt seither nur eine Art der dauernden Verbindung der Konstruktionsglieder, die Vernietung. Leider herrscht aber über die Wirkungsweise der Vernietung noch ziemliche Unsicherheit. Die zur Berechnung aufgestellten Formeln beruhen auf Annahmen, die weder dem Vorgange der Herstellung einer Nietreihe voll gerecht werden, noch die Kraftübertragung von einem Teil zum anderen erschöpfend berücksichtigen. Diese Formeln und Regeln sind daher auch mehr als eine graduelle Abstufung und Einordnung der Nietbemessung aufzufassen, denn als eine für die tatsächliche Sicherheit der Verbindung maßgebende Richtschnur.

Schon im Jahre 1917 führte die englische Schiffswerft Cammell Laird & Co. nach der Quasi-arc-Methode unter Mitwirkung von Lloyds Register of Shipping Probeschweißungen aus, die eingehenden Festigkeitsversuchen unterworfen wurden. Zweck dieser Versuche war es, festzustellen, ob sich das elektrische Schweißverfahren für die Verbindung von Bauteilen eines Schiffskörpers eigne oder nicht, also die Schweißnähte wechselnden Beanspruchungen unterworfen werden können, wie sie etwa in den Verbänden eines Schiffes auftreten. Im großen ganzen haben die Ergebnisse die Billigung von Lloyds gefunden, obwohl die Mikrostruktur der Proben erkennen ließ, daß der Uebergang des Schweißgutes in das Arbeitsstück abgegrenzt war, und somit die Verbindung nicht als „homogen“ angesehen werden konnte. Der Erfolg dieser ersten offiziellen Erprobungen ist darin zu sehen, daß Lloyds Register im Anschluß hieran Richtlinien für das Schweißen von Schiffen aufstellte, die in den folgenden Hauptgesichtspunkten zusammengefaßt sind:

1. Es muß eine Serie von Proben hergestellt werden von $1/4$ bis 1“ Dicke, die bei der Zugprobe mindestens 90 Proz. der Festigkeit des vollen Materials ergeben müssen. Sie sollen bei einer Spannung von 6 Tonnen/q“ (945 kg/qcm) nicht weniger als 5 Millionen Belastungswechsel ertragen, und die Schweißstelle muß den Stoß eines Fallgewichts von 2 cwts (100 kg) bei einer Fallhöhe von 9 Fuß für eine Plattenstärke von $1/4$“ und 4 cwts (ungefähr 200 kg) bei einer Fallhöhe von 12“ für eine Plattenstärke von $1/2$“ aushalten.

2. Proben des Metalls, welches für die Schweißnähte verwendet wird, sollen auf seine Elastizitätseigenschaften geprüft und einer chemischen Analyse unterzogen werden.

3. Durch eine Serie von Mikro-Photographien soll die Struktur des Metalles an der Schweißstelle und in dessen Nähe untersucht werden zur Feststellung der Vereinigung des Schweißgutes mit dem Werkstück.

Tabelle IX.

Zugfestigkeitswerte.

Probe		Festigkeit		Dehnung	Bemerkung
Nr.	Art	kg/mm²	%	%	
1	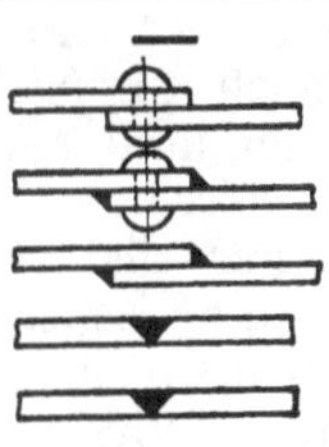	41,0	97,66	10,0	ungeschw. Blech
2		24,6	58,33	—	genietet
3		37,9	90,33	1,5	genietet u. el. geschweißt
4		38,0	91,33	12,0	überlappte Schweißung
5		33,7	79 66	3,5	el. geschweißt
6		26,0	61,33	3,0	autogen geschweißt

Werkstoff: Blech von 9,5 mm Dicke; Meßlänge 203 mm; theor. Festigkeit = 42,18 kg/mm².

Es sei an Hand einiger Vergleichsproben untersucht, wie sich die Güte der Nietung zu derjenigen der Schweißung verhält.

Tabelle IX ist englischen Untersuchungen entnommen und zeigt eine Ueberlegenheit elektrischer Schweißung über die Nietung und Autogenschweißung.

Ein Vergleich der Proben 4 und 5 lehrt, daß die Ueberlappschweißung der Stumpfschweißung um etwa 12% überlegen ist. Dies dürfte darauf zurückzuführen sein, daß die nutzbare Schweißfläche bei der ersteren Art etwa um 40% größer ist als bei der letzteren bei ungefähr gleichem Schmelzstabverbrauch. Die Ueberlappschweißung zeigt gegenüber der Lappnietung eine Ueberlegenheit von 56,6%. Untersuchen wir die Ursachen hierfür etwas näher unter Zugrundelegung einer Plattendicke von 10 mm, eines Nietes von 18 mm Durchmesser und einer Nietteilung von 100 mm. Die nutzbare Querschnittfläche des Nietes beträgt 2,54 cm^2; sein Gewicht (Schellkopf oben und unten) 54 g. Die nutzbare Schweißfläche der Ueberlappschweißung beträgt $4 \times 1{,}0 \times 10 = 40$ cm^2; das Gewicht des Füllstoffs $1{,}0 \times 1{,}0 \times 10 \times 7{,}85 = 78{,}5$ g. Es sind also nötig im ersten Falle $54 : 2{,}54 = 21{,}3$ g Eisen pro 1 cm^2 nutzbare Querschnittfläche; im zweiten dagegen nur $78{,}5 : 40 = 1{,}96$ g pro 1 cm^2, d. h. bei der Schweißung des Beispiels wird der Werkstoff $21{,}3 : 1{,}96 = 11$ mal besser ausgenützt als bei der Nietung. Selbst wenn ein Spritz- und Stummelverlust bei der Schweißung von 30% mit in Rechnung gezogen wird, so daß also anstatt 78,5 g Eisen etwa 100 g pro Nietteilung verbraucht werden, so ist die Werkstoffausnützung beim Schweißen immer noch über 9 mal größer. Bei der Stumpfschweißung kommt man im Vergleich zur Nietung zu noch günstigeren Verhältniszahlen, da hier infolge Wegfalls der Ueberlappungsbreite und bei ökonomisch gewählter V-Zuschärfung der Schweißkanten nicht nur die höhere Werkstoffausnützung, sondern auch die absolute Eisenersparnis ins Gewicht fällt. Im Schiffbau wird man die volle Ueberlappschweißung wohl kaum anwenden. sondern man wird auf der Wasserseite Vollschweißung, anf der Innenbordseite dagegen strichweise Schweißung wählen.

Tabelle X.

Vergleichsversuche
an genieteten und geschweißten Stößen.

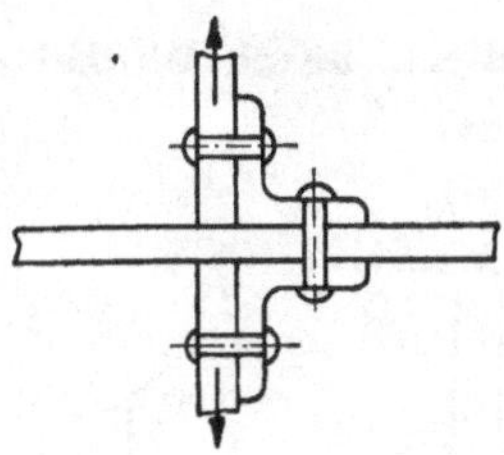

Genietetes Probestück.

Belastung in t.

Bei 5,0 t:	Keine merkbare Veränderung
„ 10,0 t:	Keine merkbare Veränderung.
„ 15,0 t:	Dichtung auf der einen Seite 0,85, auf der anderen Seite 0,127 mm geöffnet.
„ 20,0 t:	wie vor auf der einen Seite 3,17, auf der anderen Seite 3,17 mm geöffnet.
„ 30,0 t:	wie vor auf der einen Seite 4,76, auf der anderen Seite 4,76 mm geöffnet.
„ 40,0 t:	wie vor auf der einen Seite 11,11, auf der anderen Seite 11,11 mm.
„ 49,0 t:	die Niete sind durch Winkel-Eisen gezogen. Schlußprobe.

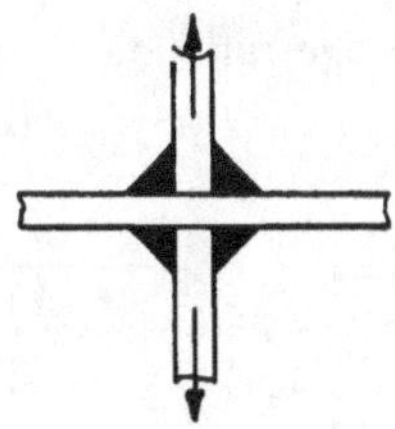

Geschweißtes Probestück.

Belastung in t.

Bei 50,0 t:	Keine Veränderung.
„ 100,0 t:	„ „
„ 125,0 t:	„ „
„ 150,0 t:	„ „
„ 170,0 t:	„ „
„ 209,0 t:	Bruch durch die Bleche, Schweißung ohne Fehler.

Ueberlegenheit des geschweißten Probestückes: $\frac{209}{49} = 4{,}27$ fach.

Tabelle XI.

Zerreißversuche.

Zwei Bleche mit dem senkrechten Blech durch Winkel und Niete verbunden.

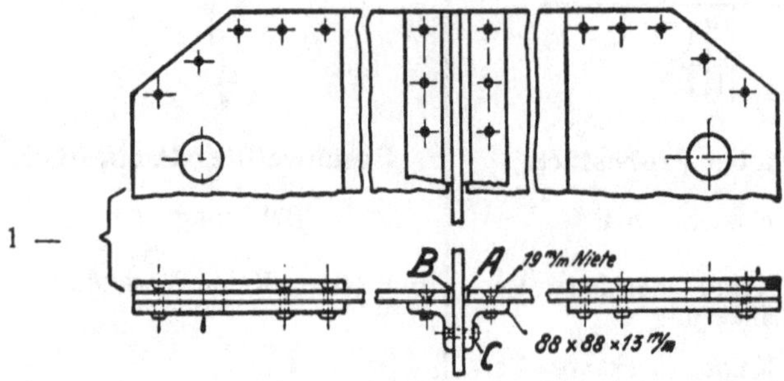

Abbildung 64.

Versuchsergebnisse.

Belastung	Durchbg. bei A	Durchbg. bei B
15 t	$\frac{4}{1000}$	$\frac{38}{1000}$
20 t	$\frac{26}{1000}$	$\frac{1}{8}$
30 t	$\frac{1}{8}$	$\frac{1}{4}$
56 t	Die Niete bei C rissen.	

$$\frac{56}{196} \cdot 100 = 28{,}6\% \text{ von } 3.$$

Zwei Bleche mit dem senkrechten Blech durch Niete und Schweißung verbunden.

2 —

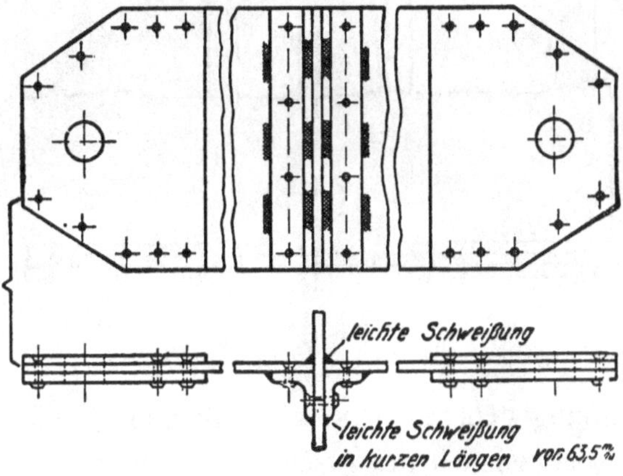

Abbildung 65.

Bei 20 t: Keine Bewegung.

„ 40 t: „ „

„ 60 t: „ „

„ 74 t: Schweißung am Fuße eines Winkels gebrochen.

$$\frac{74}{196} \cdot 100 = 37,8\% \text{ von } 3.$$

Zwei Bleche durch Schweißung mit dem senkrechten Bleeh verbunden.

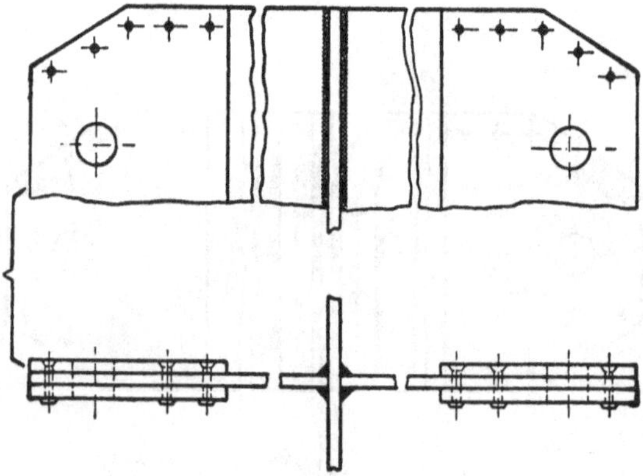

Abbildung 66.

Schweißung gebrochen bei einer Belastung von 196 t.

Ueberlegenheit des geschweißten Probestücks

über das genietete: $\frac{196}{56} = 3^1/_2$ fach.

Wir können diesen Ueberlegungen als Sonderheiten der Schweißung entnehmen, daß der Gütegrad der Verbindung, das Ausnutzungsverhältnis des Werkstoffs und bei der Stumpfschweißung auch der absolute Materialverbrauch günstiger sind als bei der Nietung. Die Tabellen X und XI, die dies Ergebnis bestätigen, zeigen noch eine weitere charakteristische Sonderheit der Schweißung. Die erstere lehrt, daß die geschweißte Kreuzverbindung ungefähr die fünffache Last aushalten kann als die genietete. Die große Unterlegenheit der genieteten Probe ist weniger auf die Qualität der Verbindung als vielmehr auf die Art des Anschlusses der Teile zurückzuführen. Die Schweißung kann die Kräfte fast stets achsial aufnehmen, die Nietung nur unter Bildung eines freien Momentes, das Winkelflansch und Nietung auf Biegung beansprucht, und so vorzeitig Lockerung und Bruch herbeiführt. Auch die Zerreißversuche der Tabelle XI lehren das gleiche. Die Verbindung von

Nietung und Schweißung bringt eine Verbesserung von 32% und verhindert vor allem vorzeitiges Gleiten, ohne indes die Schwäche der Lochung beseitigen zu können; erst die ausschließliche Anwendung der Schweißung bringt beide Vorteile, Wegfall der Gleitung und Festigkeitserhöhung, auf den $3^1/_2$fachen Betrag der reinen Nietung. Selbst in dem ungleich günstigeren Falle, wo eine beiderseits symmetrische Winkelverbindung den Anschluß verbessert, bleiben stets freie Momente übrig, die die Verbindung durch Federung vorzeitig schwächen.

Diese Versuchsergebnisse, auf das geschweißte Schiff übertragen, lassen mit Bestimmtheit einen höheren Elastizitätsmodul des zusammengesetzten Systems und damit eine bessere Ausnutzung der Festigkeit der tragenden Verbände erwarten, als es jetzt beim genieteten Schiff der Fall ist. Der Festigkeitszuwachs wird sich, wie die Vergleichszahlen lehren, nicht in einer prozentualen, sondern einer vielfachen Vergrößerung geltend machen. Ein derartiger Festigkeitszuwachs ist mit Rücksicht auf die Beanspruchungen im Boden des Schiffes durch den Wasserdruck durchaus erwünscht, ja bei großen Schiffen notwendig. Diese erleiden durchweg höhere Anstrengungen als kleine Schiffe, und besonders in den Bodenplatten übersteigen die Spannungen aus Wasserdruck und Längsbiegung in den meisten Fälllen das im Eisenbau übliche Maß, so daß Fälle von Nietlockerung und hieraus folgende Leckagen keine Seltenheiten sind und zum frühen Ausscheiden wertvoller Schiffseinheiten geführt haben.

Die Qualität der Nietung ist an genaues Aufeinanderpassen der Nietlöcher, gute Anlage der Berührungsflächen und sachgemäßes Anwärmen und Schlagen der Nieten gebunden. Weil im Schiffbau ein großer Teil aller Nieten versenkt geschlagen wird, so ist eine Kontrolle der Nietarbeit erschwert. Da auch die Zugänglichkeit zu den Nietstellen im Schiff nicht überall gleich ist, so besteht eine nicht unbedeutende Ungleichförmigkeit in der Güte der Nietung. Es ist klar, daß auch bei der Schweißung mit einem Ungleichförmigkeitsgrad gerechnet werden muß. Der Persönlichkeitsfaktor des Schweißers, Ungleichmäßigkeiten in der Anwärmung der Schweißstellen, im Elektrodenmaterial, Luftzug und Feuchtigkeit machen ihren Einfluß geltend. Aus der Beschaffenheit der Oberfläche läßt sich aber bei der Schweißung viel sicherer auf deren Güte schließen als bei der Nietung, und man hat in der Aufbringung des Schweißwulstes ein einfaches Mittel, die Ungleichförmigkeit etwas auszugleichen. Auch kann an allen den Stellen, wo Schweißung schwierig, Nietung dagegen leichter und sicherer ausgeführt werden kann, diese nach wie vor angewendet werden.

Die Werkstoffersparnis macht sich besonders geltend im Wegfall von Ueberlappungen, Laschen, Unterlegstreifen, Heftbolzen und deren Scheiben; ferner an solchen Stellen,

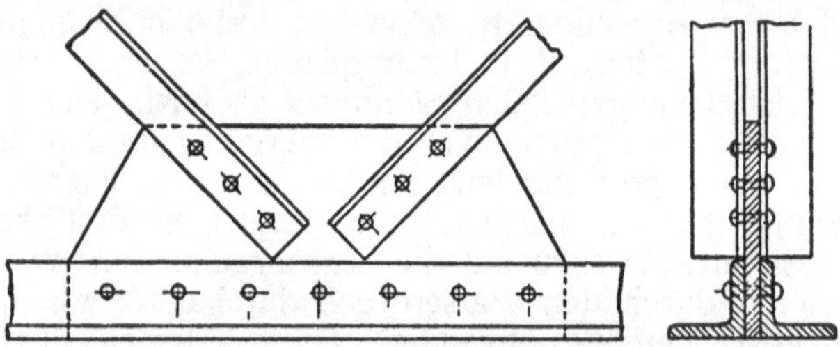

Abbildung 67. Knotenpunkt genietet.

wo enge Nietteilung Verstärkungen und Dopplungen bedingt (z. B. Schottnietung an der Außenhaut). Versteifungswinkel können an vielen Stellen durch hochkantstumpf aufge-

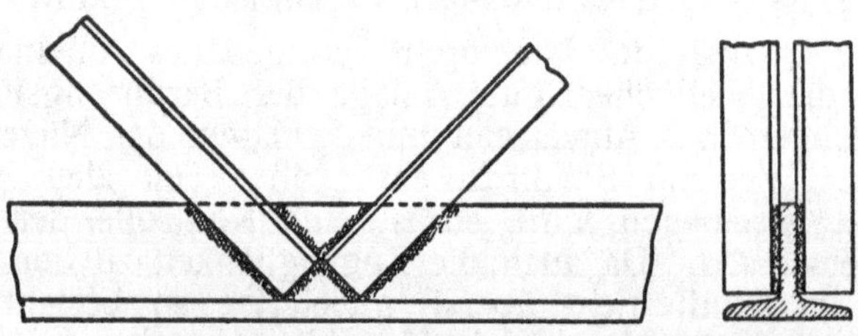

Abbildung 68. Knotenpunkt geschweißt.

schweißtes Flacheisen ersetzt und in ähnlicher Weise auch Kniebleche mit der Stirnfläche direkt an die Träger geschweißt werden. Alle diese Ersparnisse sind erheblich, wirken sich sekundär auch in Betriebs- und Transportersparnis aus und erhöhen die Ladefähigkeit des Schiffes.

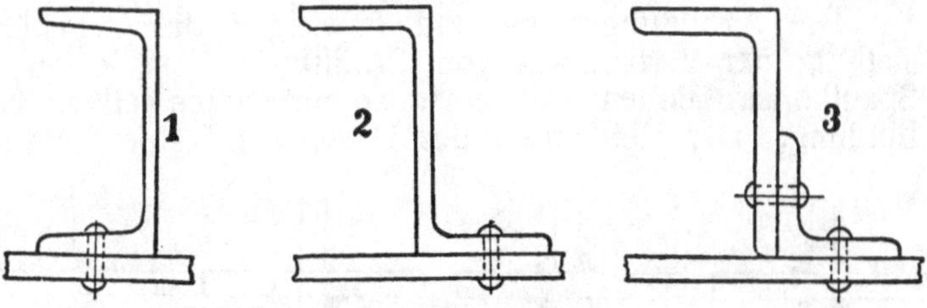

Abbildung 69. Plattenversteifung genietet.

Durch die Einführung der Lichtbogenschweißung wird die Detailkonstruktion im Tragwerkbau und Schiffbau nicht

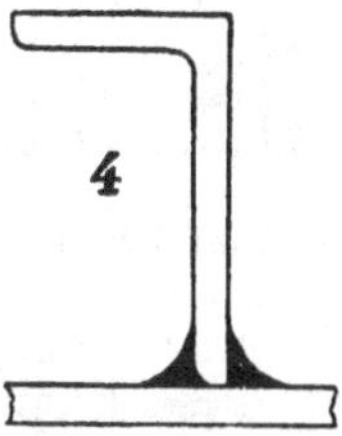

Abbildung 70. Plattenversteifung geschweißt.

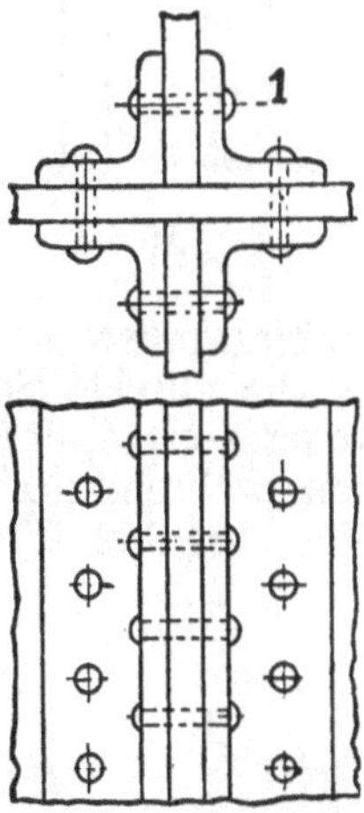

Abbildung 71. Genietete Kreuzverbindung.

unwesentlich vereinfacht. Die Abbildungen 67 bis 75 mögen dies veranschaulichen.

Abbildung 67 zeigt den üblichen Anschluß von zwei Winkeleisen an einen Gurt mittels eines Knotenbleches. Gegenüber der Schweißverbindung, Abb. 68, kann das Knotenblech vollständig in Fortfall kommen, die beiden Winkel können ohne weiteres an ein T-Eisen angeschlossen werden. Nach Angabe von Dr. Ing. Neese halten derartig angeschweißte Winkeleisen von den Abmessungen 100×10 mm eine Höchstzuglast von 154 Tonnen aus, während die Nietverbindung bei Verwendung von 20 mm Nieten nur ungefähr 64 Tonnen Zuglast verträgt.

Die Abbildungen 69 und 70 zeigen die Gegenüberstellung der Verbindung von Profilstahlen mit Platten für Spantkonstruktionen mit einer stumpf geschweißten Verbindung. Der Heftflansch des U- oder Z-Stahles und der

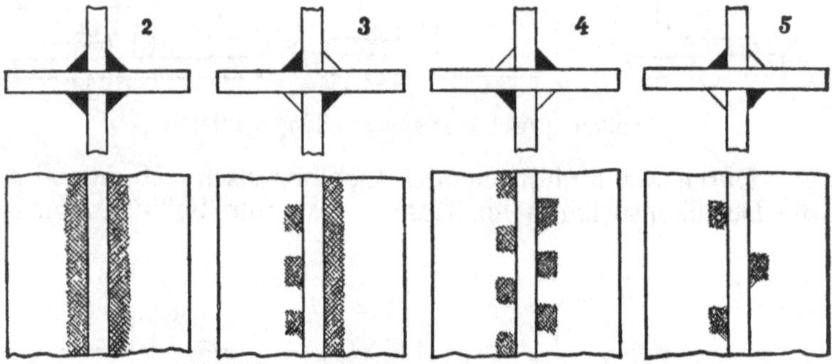

Abbildung 72. Geschweißte Kreuzverbindungen.

Verbindungswinkel nach Skizze 3 kommen völlig in Fortfall, da die direkte Schweißverbindung diese Ersparnisse ohne weiteres ermöglicht. Der hochkant aufzuschweißende Winkel kann während der Montage durch Heftschweißung oder kurze angeschraubte Winkelstücke in seiner Lage fixiert werden.

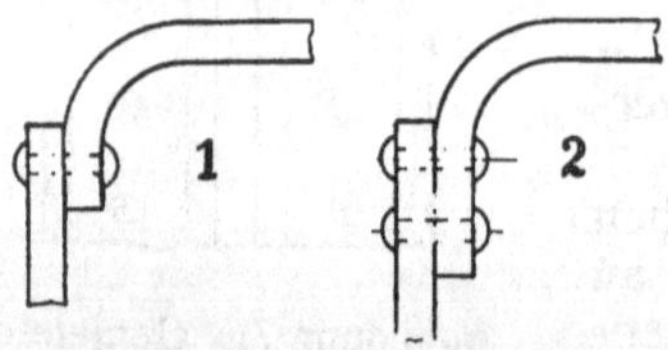

Abbildung 73. Genietete Ecken.

Eine Nietverbindung nach Abbildung 71 Skizze 1 würde durch eine der Skizzen 2 bis 5, Abbildung 72, zu ersetzen sein. Je nach der Wichtigkeit der Verbindung oder der zu erstrebenden Wirtschaftlichkeit wird eine durchlaufende oder nur strichweise geführte Schweißnaht zur Anwendung kommen. In vielen Fällen wird es genügen, die Festigkeit der von den Klassifikationen vorgesehenen Nietverbindung zu erreichen.

Die Abbildungen 73 und 74 geben in ihren Skizzen 1 bis 9 eine Gegenüberstellung verschiedener Eckverbindungen, bei denen besonders anschaulich ist, daß bei den geschweißten Verbindungen ein Verstemmen völlig entbehrt werden kann. In vielen Fällen werden die ökonomischen Verbindungen 5 und 6 genügen.

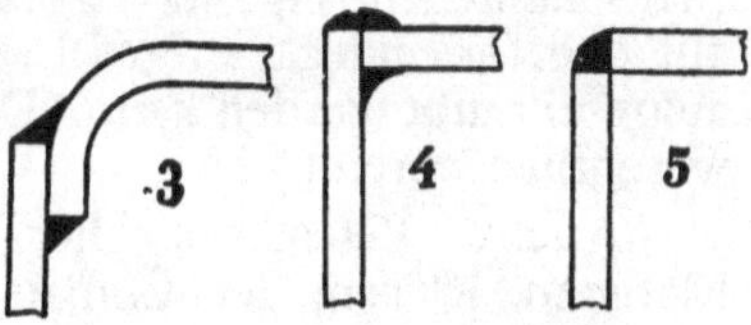

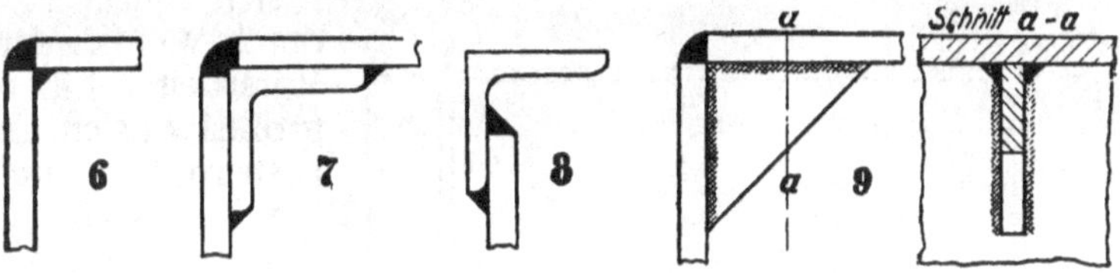

Abbildung 74. Geschweißte Ecken.

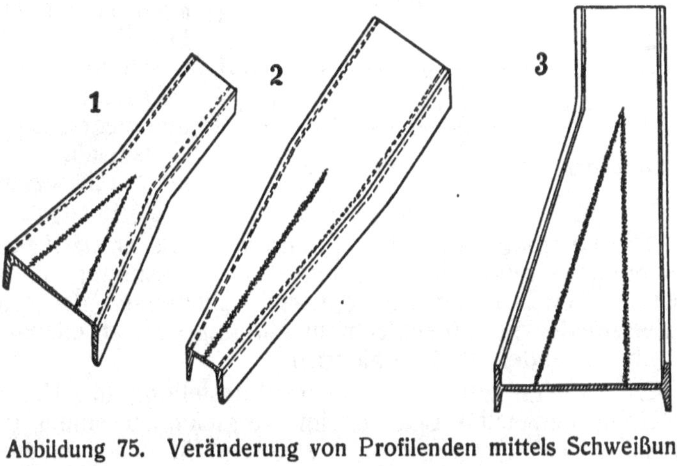

Abbildung 75. Veränderung von Profilenden mittels Schweißung.

Die Erweiterung oder Verjüngung von Profileisen kann auf das einfachste durch Schweißung bewerkstelligt werden, wie die Skizzen 1—3 der Abbildung 75 lehren.

Abbildung 76 zeigt einen Süll-Winkel. Der Winkel ist zunächst im Schmiedefeuer gebogen unter Aufschlitzen der Ecken, alsdann sind die Ecken durch Einschweißen von Flanschenteilen ergänzt, worauf das ganze Gebilde direkt auf dem Eisendeck aufgeschweißt oder auf einem Holzdeck aufgeschraubt werden kann. Die Schmiedearbeit ist hierdurch wesentlich vereinfacht.

Auch die Befestigung aller Deckseinrichtungen, von Pollern, Klampen, Klüsen, der Einbau von Masten, Lüftern, Seitenfenstern gestaltet sich einfacher durch Wegfall der Vorarbeit. Einen großen Posten an Ersparnissen bedingt der Wegfall des Stemmens sowohl zur Erzielung von Wasser- als auch Öldichtigkeit. Die Sicherheit der Schiffe gegen Wassereinbruch und gegen Explosionsgefahr wird hierdurch wesentlich gesteigert.

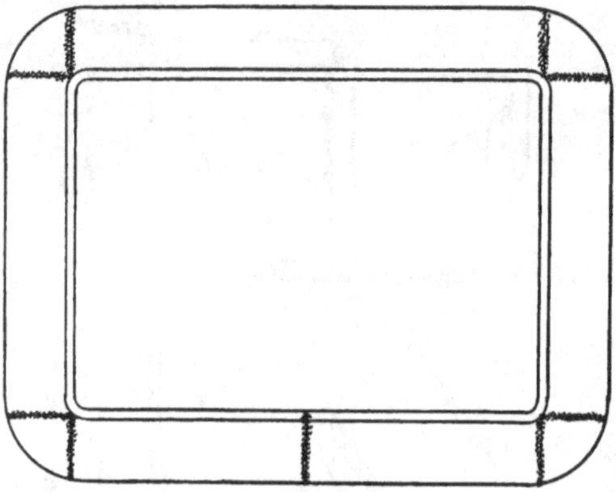

Abbildung 76. Geschweißtes Süll.

Die Lichtbogenschweißung kann auch als Ersatz für das Verstemmen verwendet werden. Die Ausübung dieser Methode gewährleistet eine dauernde Dichtigkeit der Naht und vermeidet die mit schlechtem Wirkungsgrad arbeitenden, ohrenbetäubenden Preßlufthämmer.

Es sei eine interessante Gegenüberstellung der Kosten für einen genieteten Leichter im Vergleich zu einem geschweißten Leichter gegeben; die Kosten für den genieteten Leichter wurden aus dem Arbeitjournal von 3 in Amerika gebauten Leichtern entnommen. Die Vergleichsschiffe haben die folgenden Abmessungen: Länge 50,6 m, Breite 11,9 m, Seitenhöhe 2,64 m.

Tabelle XII.

Kostenvergleich
zwischen einem genieteten und einem geschweißten Leichter.
Länge 50,6 m, Breite 11,9 m, Seitenhöhe 2,64 m.

Nr.	Art der Arbeit	Genieteter Leichter Dollar	Geschweißter Leichter Dollar
1	Zulegen in der Werkstatt	1 236	618
2	Zuschneiden des Walzstahls und Bohren	1 045	522
3	Versenken	976	—
4	Niete und Nietung	4 207	—
5	Verstemmen	523	265
6	Schmiedearbeiten	557	275
7	Montage auf der Helling	2 010	1 320
8	Elektrische Energie für Beleuchtung, Bohren usw.	382	95
9	Anzeichnen	360	360
10	Inventar u. besondere Vorrichtungen	—	300
11	Aufsicht	—	900
12	Schottversteifungen	142	—
13	Holzstützen und Stellagen	—	145
14	Elektrische Schweißung = 15636 Lfd. m. Schweißerlohn 6000 Stunden à 60 Cents . . . . \$ 3600 Elektr. Energie 6000 × 5 kwstd. à $2^1/_2$ Cents . . . „ 720 Elektrod. 3425 kg. à 13,15 C. „ 450 \$ 4800	—	4 800
	Ersparnis $= \frac{1\,838}{11\,438} \cdot 100 = 16{,}1\,\%$	—	1 838
	Summe	11 438	11 438

Wie aus der Tabelle zu ersehen, ergibt sich bei Anwendung elektrischer Schweißung eine Ersparnis von ca. 16 %, eine Zahl, die wohl auf Zuverlässigkeit Anspruch machen kann.

Im Jahre 1917 wurde von der englischen Admiralität in Richborough (Süd-England) ein elektrisch geschweißter

Kanal-Leichter erbaut, etwa 40 m lang, mit einer Ladefähigkeit von 200 Tonnen. Das Fahrzeug hat flachen Boden und vom Kiel bis zum Deck 4 Plattengänge an jeder Seite. Die Konstruktion ist in der Hauptsache der eines genieteten Fahrzeuges gleich, mit dem Unterschied, daß die Spanten mit ihrem breiten Flansch hochkant auf die Außenhaut geschweißt wurden. Die 6–8 mm dicken Außenhautplatten wurden wie üblich zunächst durch Heftbolzen an den Spanten befestigt. Nach der Schweißung wurden die Bolzenlöcher

Abbildung 77. Innenansicht eines geschweißten Leichters.

zugeschweißt. In den Abbildungen 77 u. 78 ist das Schiff von innen bezw. von außen dargestellt. Die Kosten der Schweißung beliefen sich auf 301 £, wobei auf die Elektroden ca. 59, auf Schweißstrom 20 und auf Arbeitslohn 21 % entfielen. Das Schiff hat sich den ihm zugemuteten Anstrengungen in vollem Maße gewachsen gezeigt.

Im Jahre 1920 wurde in Göteborg (Schweden) das Motorfahrzeug „Esab IV“ hergestellt (Länge 16 m, Breite 4 m, Seitenhöhe 2,1 m) mit dem besonderen Zweck, die Schweißung an den verschiedenen Teilen eines Schiffes zu erproben. Die Außenhaut des Bodens besteht aus 7 mm Platten; die Bordseiten und das Deck sind 6 mm dick. Die Bodenwrangen und Kielschweine werden aus U-Profilen gebildet, während Kiel, Steven und Scheuerleiste aus Fassonstahl hergestellt sind. Der kastenförmige Kiel ist mit der Bodenbeplattung doppelseitig verschweißt. Die Stöße und Nähte derselben sind überlappt geschweißt, diejenigen der Bordseiten dagegen stumpf gestoßen, und zwar sind die Stöße jedesmal auf einem Spantflansch angeordnet. Die Decksbeplattung ist sowohl in den Stößen als auch in den Nähten stumpf geschweißt, wobei die ersteren jedesmal auf einem Decksbalkenflansch angeordnet sind. Die ganze Länge der

Abbildung 78. Außenansicht eines geschweißten Leichters.

geschweißten Nähte beträgt 1724 m, wobei alle in Vollschweißung ausgeführt wurden; nur das Maschinen-Oberlicht wurde punktgeschweißt bezw. geschraubt. Leider lassen sich über dieses Schiff keine Kostenangaben machen, welche von Belang wären, da die Arbeit gelegentlich ausgeführt wurde.

In Japan hat vor mehreren Jahren Dr. K. Ito die Lichtbogenschweißung auf den Werften der Mitsu Bishi-Gesellschaft zu Nagasaki und Hikoshima eingeführt. Auf letzterer Werft wurde ein kleiner Dampfer „Dairyo Maru" unter Anwendung der Lichtbogenschweißung in einen Oelleichter umgewandelt. Die Tragfähigkeit des Schiffes betrug 297 t Nutzlast. Der Umbau wurde zur völligen Zufriedenheit der Reeder ausgefürt und hat sich im Betrieb bewährt. Um einen vergleichenden Beitrag zur Bedeutung elektrischer Schweißung für Oeltransportschiffe zu geben, seien diese Arbeiten auf Grund einer Abhandlung der japanischen Schiffbautechnischen Gesellschaft näher beschrieben.

Die Hauptabmessungen des Schiffes, Abbildung 80, sind: 32 m lang, 9 m breit, 4 m hoch. Das Holzdeck wurde

Abbildung 79. Geschweißter Motorschlepper „Esab IV".

entfernt und durch eine Stahlbeplattung in der Flucht des erhöhten Quarterdeckes ersetzt. Desgleichen wurde ein Mittellängsschott, die Bunkerschotte und Maschinenschächte, Kessel und Maschinenfundamente entfernt. Alsdann wurde der Rumpf mit sechs neuen öldichten Schotten versehen, so daß unter Benutzung der stehengebliebenen Kollisionsschotten zwei Schutzräume und fünf dazwischenliegende Oeltanks gebildet wurden mit einem Ausdehnungs-Süllraum über deren ganzen Länge. Der Aufbau des Schiffrumpfes unter

Zuhilfenahme von Schweißung und nur gelegentlicher Heftnietung ging im einzelnen wie folgt vor sich:*)

S p a n t e n : Alle Spanten wurden gelassen, wie sie vorher waren, und wo das Deck erhöht worden war, wurden Stützplatten nach Skizze 1 angeordnet. Jede Stützplatte wurde an dem Balkenwinkel durch Strichschweißung befestigt, durch das Spantende hindurchgebolzt, mit zwei Nieten vernietet

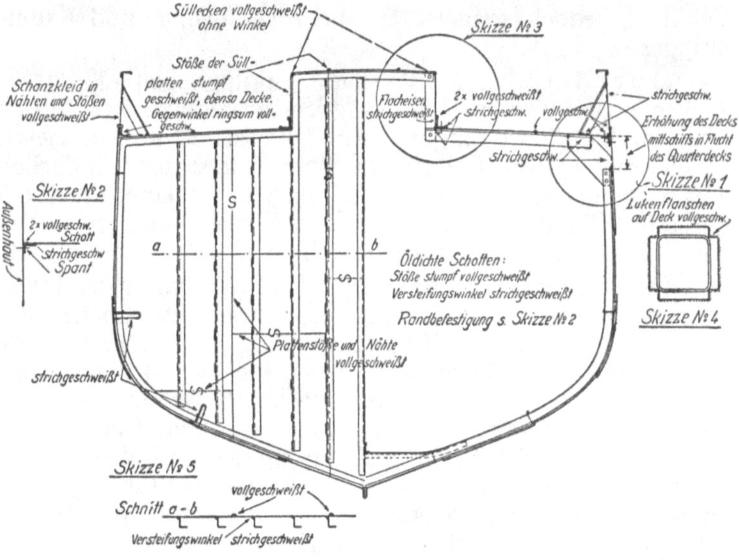

Abbildung 80. Hauptspant „Dairyo Maru".

und später strichweise an die Außenhaut geschweißt. Bei Anordnung eines neuen Schottes wurden die ursprünglichen Gegenspanten und Bodenwrangen entfernt, der Balkenwinkel wurde durch einen Winkel von gleicher Größe wie der Spantwinkel ersetzt und herab bis zum Ende des ursprünglichen Spantes geführt. Die Schottbeplattung wurde an das Spant geheftet, wie in Skizze 2 gezeigt. Um das gewöhnliche

*) Unter „Vollschweißung" ist hier eine ununterbrochene, unter „Strichschweißung" eine stellenweis unterbrochene Schweißnaht verstanden. (s. Abb. 72.)

Spant öldicht zu machen, wurde die Mallkante des Spantwinkels an die Außenhaut und der Rand der Schottplatte an den abstehenden Flansch des Spantes vollgeschweißt, auf der gleichen Spantseite und strichgeschweißt auf der anderen.

K i e l s c h w e i n e u n d R a u m s t r i n g e r: Sie wurden belassen wo sie waren, aber im Bereich der neuen Schotte weggeschnitten und durch Stützplatten ausgeglichen. Diese Stützplatten wurden strichgeschweißt an Außenhaut und Schotten, jedoch genietet an die Kielschweine und Raumstringer.

O b e r d e c k b a l k e n: Die ursprünglichen Oberdeckbalken wurden so viel wie möglich ausgenutzt; wo sie sich aber infolge Anordnung neuer Schotte als zu kurz erwiesen (z. B. die halben Balken im Bereich der ursprünglichen Luken), wurden sie mit dem nämlichen Winkelprofil durch Vollschweißung am Stoß vor dem Einbau verlängert, und die Stützplatten wurden angebracht, wie schon beschrieben.

O b e r d e c k b e p l a t t u n g: Die ursprünglichen Deckstringerplatten wurden ausgenutzt, jedoch die Löcher der Rinnsteinwinkel durch Pfropfschweißung ausgefüllt, da diese Winkel ganz in Wegfall kamen. Neue Deckstringerwinkel wurden in diesem Fall an der unteren Plattenseite zwischen die Schotten gesetzt und mit Außenhaut und Deckstringer vernietet. Um die Unterbrechung in der Festigkeit auszugleichen, wurden kurze Winkelstücke auf der Oberseite der Stringerplatte gegengesetzt und mit dieser und mit der Außenhaut ringsum vollgeschweißt, nachdem die Stringerplatte an die Außenhaut geschweißt war. Neue Decksplatten wurden im Bereich der Oelräume und Schutzbunker gelegt und mit den Balken, wie üblich, vernietet. Alle Stöße und Nähte der Decksbeplattung wurden gestoßen und vollgeschweißt ohne Stoßbleche, weil es bei einem so kleinen Schiff unter 100 Fuß Länge, welches zudem vorher nur Holzdeck hatte, nicht für notwendig erachtet wurde, die Längsfestigkeit wesentlich zu erhöhen, obwohl bei größeren Schiffen dieser Punkt wohl zu beachten wäre. Auch schien es hierdurch einfacher, das Deck unter Fortfall überlappter Nähte im Bereich der Schotten öldicht zu bekommen und trocken zu halten.

Ausdehnungssüllraum: Für die Seitenbeplattung des Süllraumes wurden die ursprünglichen Schanzkleidplatten ausgenutzt, die entfernt worden waren und ersetzt wurden durch die neuen Schergangplatten im Bereich des erhöhten Oberdecks, nachdem solche Oeffnungen, wie Wasserpforten, Speigatts usw. durch Plattenstücke geschlossen und ringsum vollgeschweißt waren. Wo nötig, wurden neue Platten eingesetzt. Die Süllraumseite wurde mit dem Oberdeck durch einen Winkel verbunden, dessen Mallkante und Rand des Vertikalflansches vollgeschweißt waren, wogegen der Deckflansch auf dem Oberdeck vernietet war unter Anwendung leichter Vollschweißung am Rande (siehe Skizze 3). Die Stöße der Süllseite waren stumpf gestoßen und vollgeschweißt ohne Unterlagstreifen. Als Süllseitenversteifung wurden Flacheisenstücke verwendet, die strichweise an die Süllseiten geschweißt wurden unter Verbolzung mit den Oberdeckshalbbalken und Süllraumdeckenbalken. Der Abstand dieser Versteifung war der gleiche wie der der Spanten. Die Süllraumdecke war an die Balken genietet und in Stößen und Nähten vollgeschweißt ohne Ueberlappung oder Stoßbleche; die Ecken der Decke wurden vollgeschweißt ohne Eckwinkel. Mannlöcher und Oelluken wurden aus Winkelstahl gebildet, der durch Vollschweißung auf der Decke befestigt war. Hierdurch wurde die Schmiedearbeit sehr vereinfacht, indem die Flanschecken auf dem Deck einfach ausgeschnitten und nach Biegung ringsum verschweißt wurden (siehe Skizze 4).

Auch die Scharniere wurden nur aufgeschweißt, und auf diese Art jede Bohrarbeit und damit die Möglichkeit von Leckagen vermieden.

Schotten: Sechs völlig neue öldichte Schotten wurden eingebaut. Alle Längsverbände wurden an diesen durchschnitten und mit ihnen durch Stützplatten neu verbunden. Da die Schotten verhältnismäßig geringe Fläche hatten, so wurden die Platten senkrecht angeordnet. Die Schottplatten wurden stumpf gestoßen und an den Rändern vollgeschweißt. Die Versteifungswinkel wurden nach Skizze 5 durch Strichschweißung befestigt. Nachdem die Schotten auf der Zulage fertiggestellt waren, wurden die Platten an Bord angebracht, am Saum geheftet, sodann an einer Kante des Saumes vollgeschweißt und strichgeschweißt an der anderen. Es bestanden anfangs Bedenken, ob die senkrechte Schweißnaht des Saumes von den Arbeitern erfolgreich ausgeführt werden könnte; es war jedoch später nichts zu bemängeln. Auch Ueberkopfschweißung wurde sehr gut ausgeführt, erforderte aber mehr Zeit. Die Erprobung auf Wasserdichtigkeit mittels einer Drucksäule von 6 Fuß über der Sülldecke wurde sehr erfolgreich vorgenommen; obwohl an Stellen mit Ueberkopfschweißung leichte Leckagen festgestellt wurden, so konnten diese doch sogleich durch Abstemmen völlig beseitigt werden.

Schanzkleid: Neue Schanzkleidplatten wurden an den Schergang angelappt und in Nähten und Stößen vollgeschweißt. Die Stützen wurden unmittelbar auf Deck und am Schanzkleid durch Strichschweißung ohne Winkel befestigt.

VII. Anwendung der autogenen Schweißung.

1. Schweißpraxis.

Im Vergleich zur Lichtbogenschweißung hat die autogene Schweißung den Vorteil, daß die Zähigkeit der Naht im allgemeinen höher ist. Eine große Zahl von Kaltbiegeversuchen mit autogen geschweißten Stäben hat die Möglichkeit erwiesen, Biegewinkel von 180^0 zu erzielen, während die parallel durchgeführten Proben mit elektrisch geschweißten Stäben wesentlich geringere Biegewinkel ergeben haben.

Einen Nachteil der autogenen gegenüber der elektrischen Schweißung bilden die weitaus größeren Wärmespannungen, die bei der Ausführung der Schweiße entstehen. Diese großen Spannungen haben zur Folge, daß bei autogener Schweißung alle Verbindungen nur stumpf geschweißt werden dürfen. Falls Ueberlappungen autogen geschweißt werden, so können in der Schweiße und den Blechen so starke Zerrungen eintreten, daß Unbrauchbarkeit des Stückes die Folge sein kann. Aus diesen Gründen ist bei autogener Schweißung die Konstruktion auf Stumpfverbindungen beschränkt, Ueberlappungen und Laschen fallen fort.

Zur Ausfüllung und Verstärkung der Schweißfugen werden runde Stäbe in Längen von 500–1000 mm in das Schmelzbad eingeschmolzen. Für die Schweißung von schmiedbaren Eisensorten und Stahlguß verwendet man gezogene Stäbe aus kohlenstoffarmem, weichen Eisen in Durchmessern von $^1/_2$–6 mm. Man empfiehlt schwedisches Holzkohleneisen, was aber nicht unbedingt notwendig ist.

Die Mischdüse des Brenners bildet mit dessen Rohrachse einen Winkel von 135°; dadurch wird bei Parallelstellung des Handrohres mit der Schweißebene ein Anstellwinkel (d. h. der Winkel zwischen Düsenachse und Oberfläche) von 45° bedingt, der für die Schweißung der Bleche von 1 bis 5 mm vorteilhaft ist. Falls schwächere Bleche geschweißt werden, muß ein geringerer Anstellwinkel gegeben werden, 20 bis 30°, um Verbrennung des Materials zu vermeiden. Bei Blechen über 5 mm soll der Anstellwinkel vergrößert werden und zwar bis zu 90° bei Blechen von mehr als 10 mm, um eine sichere Durchschweißung der ganzen Blechdicke ausführen zu können. Die Spitze des Flammenkerns soll 3–6 mm von der Schweißfläche entfernt bleiben. Ueberflüssiges Spielen mit der Flamme auf dem Schmelzgut ist durchaus zu vermeiden.

Die zu schweißenden Bleche sollen vor der Schweißung vorbereitet und mit einer ein- oder doppelseitigen Rinne versehen werden, ähnlich der Praxis beim Lichtbogenschweißen. (s. S. 69, 70.)

Die schmiedbaren Eisensorten sowie Stahlguß und Temperguß lassen sich im allgemeinen gut autogen schweißen. Für die Schweißung anderer Metalle, wie Gußeisen, Kupfer und Aluminium, ist es nötig, wegen der Ursachen, die in Kapitel 1 schon hervorgehoben waren, spezielle Methoden der Schweißung anzuwenden.

2. Autogenes Schweißen von Gußeisen.

Die Schwierigkeiten der Gußeisenschweißung liegen hauptsächlich in der Notwendigkeit, große Spannungen zu vermeiden und in der plötzlichen Verflüssigung des Materials. Aus letzterem Grunde kann Gußeisen nur bei Einhaltung einer wagerechten Schweißnaht geschweißt werden, da das flüssige Metall sonst wegläuft.

Um Zusatzspannungen zu vermeiden, wendet man Vorwärmen, Nachwärmen und späteres Ausglühen der zu schweißenden Teile an, ähnlich den schon bei der Warm-Lichtbogenschweißung besprochenen Methoden.

Eine gute autogene Schweißung des Gußeisens kann nur von gut ausgebildeten Schweißern erzielt werden. Als Zulegematerial werden Gußeisenstäbe mit hohem Gehalt an Kohlenstoff und Silizium verwendet, da diese Bestandteile bei der hohen Temperatur der Schmelzflamme zur Verdampfung kommen. Die Stäbe werden in Querschnitten von 3–20 mm ∅ verwendet.

Die Beschaffenheit des Eisens im Schweißstück hat einen großen Einfluß auf das Ergebnis der Schweiße. Sand, Schlacke, Farbe, durch Leuchten und Qualmen sich zeigende Verunreinigungen sollen während der Schweißung aus dem Schmelzfluß entfernt werden. Manche Gußstücke sind überhaupt nicht zu schweißen, wie z. B. verbrannter Guß, bei dem das Silizium teils umgewandelt teils herausgebrannt ist, und der durch Oxydation des Eisens und des Kohlenstoffs verdorben ist. Von der autogenen Schweißung poröser Stellen in Gußstücken und sonstiger Gußfehler ist im allgemeinen abzuraten, da ein Erfolg stets zweifelhaft bleibt (s. auch S. 72 f.).

3. Autogene Schweißung von Kupfer.

Kupfer ist zwar im allgemeinen gut schweißbar, eine Schwierigkeit der Schweißung besteht nur in der starken Oxydation des warmen Metalles, wobei Kupferoxyd entsteht; dadurch werden die mechanischen Qualitäten des Metalles stark vermindert. Die Anwesenheit von Sauerstoff im Kupfer erkennt man an der dunklen Färbung des Bruches.

Auch die hohe Wärmeleitfähigkeit des Kupfers schließt einige Schwierigkeiten in sich, da das zum Schweißen erforderliche Fließen an der Anfangsstelle erst beginnt, wenn ein großer Bereich von nicht beteiligtem Kupfer angewärmt ist. Vorwärmen in Holzkohlenfeuer unterstützt die Schweißung.

Beim autogenen Schweißen des Kupfers ist daher die Hauptsache eine gute Regulierung der Schweißflamme, schnelle Durchführung der Arbeit und Anwendung geeigneter Schweißdrähte. Als solche werden auch die bekannten Canzler-Schweißdrähte (mit einem Zusatz von Silber bis 5%, D. R. P. 284840) verwendet. Beim Schweißen von schwachen Blechen verwendet man auch chemisch reines Elektrolitkupfer.

Kupferbleche von etwa 2 mm Stärke an sind unbedingt mit Schweißpulver zu schweißen. Die Flußmittel bestehen hauptsächlich aus Bor mit geringem Zusatz (bis 0,5%) von Phosphor. Dünne Bleche kann man ohne Schweißpulver schweißen, wenn das Materiel leichtflüssig ist (fast reines Kupfer). Die Schmelzschweißung des Kupfers hat sich ein bedeutendes Arbeitsfeld geschaffen, insbesondere bei Reparaturen von Lokomotivfeuerbüchsen.

4. Autogenes Schweißen von Aluminium.

Anfänglich waren alle Bemühungen auf dem Gebiete der Aluminiumschweißung infolge der außerordentlichen Oxydationsfähigkeit des Aluminiums zum Scheitern verurteilt (s. Seite 13). Es gelang nämlich bei keinem der Versuche, das schon bei gewöhnlicher Temperatur, viel stärker aber noch in der Hitze der Schweißflamme sich bildende Aluminiumoxyd zu beseitigen. Infolgedessen lagerten sich stets Oxydhäute in das flüßige Material der Schweißnaht ein, wodurch diese Schweißungen ohne jede Festigkeit bleiben mußten.

Aus diesen Gründen hat man sich bei Aluminium lange Zeit ausschließlich auf die Lötung mit Fremdmetallen angewiesen gesehen. Diese Art von Verbindung besitzt gegen atmosphärische oder chemische Einflüsse nur geringe Widerstandsfähigkeit. Die entsprechenden elektrolytischen Vorgänge führen hier sehr bald eine Zersetzung der Schweißnaht herbei.

Die endgültige Lösung des Problems der autogenen Aluminiumschweißung brachte erst eine Erfindung des Schweizer Chemikers M. U. Schoop in Zürich. (D. R. P. 222960 mit Zusatz D. R. P. 224284).

Die Beseitigung des Aluminiumoxyds erfolgt bei diesem Verfahren restlos auf chemischem Wege. Hierzu wird ein Pulver angewendet, das sich hauptsächlich als eine Mischung verschiedener Haloide der Alkalimetalle kennzeichnet (60 Teile Kaliumchlorid, 12 Teile Natriumchlorid, 4 Teile Kaliumsulfat mit einem Zusatz von Fluorverbindungen. Das Schweißpulver nach dem Zusatzpatent enthält 45 Teile Kaliumchlorid, 30 Teile Natriumchlorid, 15 Teile Litiumchlorid, 7 Teile KF, 3 Teile $NaHSO_4$).

Mit Hilfe des in Deutschland der Chemischen Fabrik Griesheim-Elektron patentierten Verfahrens ist es jetzt möglich, Aluminium-Gegenstände jeglicher Größe und Materialstärke zu schweißen. Dabei ist es gleichgültig, ob es sich um gewalztes, gezogenes oder gegossenes Material handelt. Nach einem Gutachten des Physikalischen Institutes der Technischen Hochschule in Zürich liefert das Verfahren

> „was Form, Aussehen und Festigkeit anbelangt, so vollkommene Produkte, daß es nicht übertroffen werden kann. Es verbindet die zusammenzuschweißenden Stücke zu einer vollkommen homogenen Masse und ist auf jede beliebige Form der zu schweißenden Stücke anwendbar."

Das Problem der autogenen Aluminium-Schweißung darf heute in der Tat als vollkommen gelöst betrachtet werden. Untersuchungen haben ergeben, daß die Festigkeit der bei diesem Verfahren entstehenden Schweißnaht derjenigen des ungeschweißten Materiales mindestens gleichkommt. Durch nachträgliches Abhämmern oder Walzen der reparierten Stellen kann deren Festigkeit sogar noch gesteigert werden. Zerreißproben an Normalstäben haben ergeben, daß Kontraktion und Bruch immer neben den Schweißstellen auftraten.

Erwähnenswert ist noch, daß sich das Verfahren nicht allein zur homogenen Verschweißung von Aluminium mit Aluminium eignet, sondern daß es ohne jede Abänderung auch zur Verbindung von Aluminium mit anderen Metallen, insbesondere mit Kupfer, Messing, Eisen (mit diesem allerdings nur nach sorgfältiger Verzinnung an der Schweißfläche) u. a. m. benutzt werden kann, wobei allerdings die Festigkeit diejenige reiner Aluminiumverbindungen nicht erreichen kann.

Daß sich ein solches Verfahren schnell Eingang in die Industrie verschaffen konnte, ergibt sich von selbst. Der in

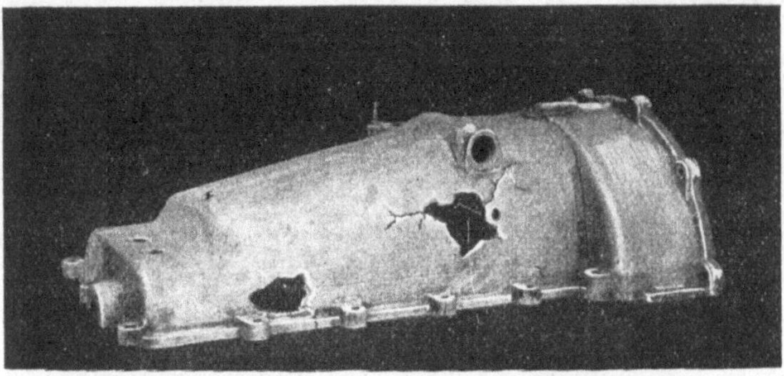

Abbildung 81. Beschädigtes Aluminium Motorengehäuse.

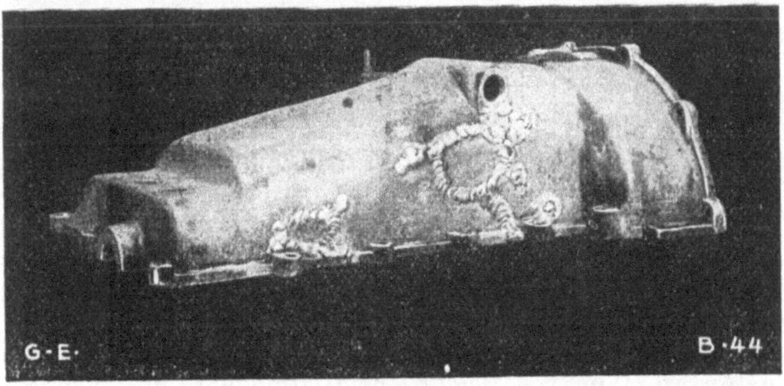

Abbildung 82 Das gleiche Gehäuse geschweißt.

Deutschland infolge des Krieges eingetretene Kupfermangel und der dadurch notwendig gewordene Ersatz sehr vieler Teile durch Aluminium hat eine weitere wesentliche Verbreitung des Verfahrens herbeigeführt. Die Reparatur zerbrochener Motorgehäuse, Vergaser, Auspuffrohre, die Herstellung von Aluminiumteilen an Chassis, Kühlern usw. sind hier die am meisten interessierenden Beispiele für die umfangreiche Anwendung dieses Verfahrens.

Aus den Abb. 81 und 82 ist die Reparatur eines stark beschädigten Motorengehäuses ersichtlich, die nach oben beschriebenem Verfahren ausgeführt worden ist.

Man kann sowohl mit dem Wasserstoff- als auch mit dem Azetylen-Schweißbrenner arbeiten. Mit Rücksicht auf den niedrigen Schmelzpunkt des Aluminiums (ca. 657°) ist für die geringeren Materialstärken die Wasserstoff-Flamme mit ihrem etwas niedrigeren Heizeffekte vorzuziehen.

Das eigentliche Schweißmittel trägt den gesetzlich geschützten Namen „Autogal". Für die Herstellung einer Schweißnaht von 1 m Länge an 10 mm starken Aluminiumblechen benötigt man z. B. ca. 30 g dieses Pulvers. Die Schweißdauer beträgt für das genannte Beispiel etwa 12 Minuten. Das Autogal wird dabei in trockenem Zustande als Pulver oder mit Wasser angerührt als Paste benutzt.

VIII. Autogenes Schneiden.

1. Allgemeines.

Das Verfahren des autogenen Schneidens besteht in der Erwärmung eines geringen Teils des zu schneidenden Eisens durch einen brennenden Strahl aus Azetylen oder anderen Brennstoff auf die Temperatur, bei welcher Eisen in Sauerstoff brennt. Wenn anschließend auf die vorgewärmten Teile ein Strahl Sauerstoff unter Druck geleitet wird, so verbrennt das Eisen in diesem Strahl, die verbrannten oder geschmolzenen Teile werden weggeblasen, und die durch die Verbrennung frei gewordene Wärme wird für den Vorgang dadurch nutzbar, daß sie die benachbarten Stellen vorwärmt, sodaß das weitere Schneiden des Arbeitsstückes ohne eine spezielle Vorwärmung erfolgen kann. Der Sauerstoff wird dem Arbeitsplatz mittels eines Schlauches zugeführt; durch ein Druckminderungsventil wird dabei der Druck auf 2 – 15 Atm. verringert, je nach der Stärke des zu schneidenden Stückes. Die richtige Einstellung der Druckminderventile, der jeweils eingesetzten Düse entsprechend, hat einen großen Einfluß auf den Sauerstoffverbrauch und ist daher besonders wichtig.

Dieses Verfahren wurde anfangs zum Beseitigen von Ofenansätzen in Hochöfen und zum Aufschmelzen der Stichlöcher verwendet nach dem Patent des Köln-Müsener

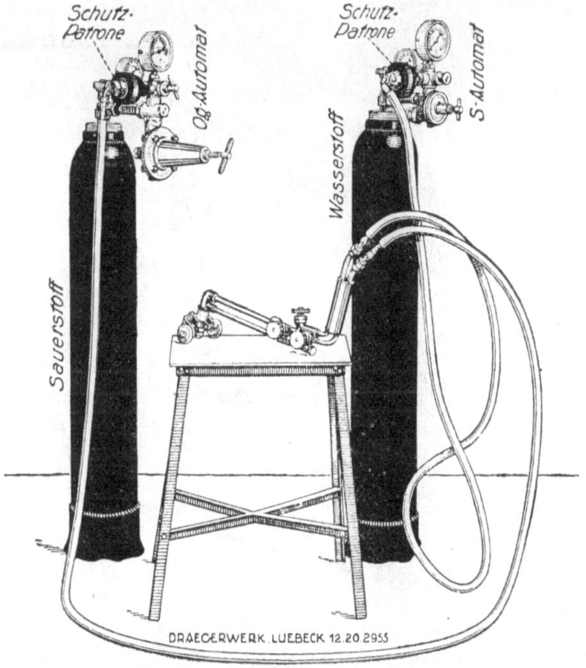

Abbildung 83. Vollständige Anlage für Wasserstoff-Sauerstoffschneiden.

Bergwerks-Aktien-Vereins, Creuzthal (D. R. P. Nr. 137588, Zusatzpatent D. R. P. Nr. 143640) im Jahre 1901. Die Patente wurden von der Chemischen Fabrik Griesheim-Elektron übernommen und weiter ausgebildet, zusammen mit der Deutschen Oxhydric-Gesellschaft in Düsseldorf-Eller, die im Jahre 1905 ein Patent auf „das Verfahren und Vorrichtungen zum Schneiden von Metallgegenständen usw. unter Anwendung eines Lötrohrs und von Sauerstoff" angemeldet hat. (D. R. P. Nr. 216963).

Die Gesamtanlage für Sauerstoff-Wasserstoffschneiden ist auf Abbildung 83 gezeigt und besteht aus einer Wasserstoffstahlflasche, einer Sauerstoffstahlflasche, einem Druckminderventil für Sauerstoff, einem Druckminderventil für Wasserstoff und zwei Schläuchen für Wasserstoff und Sauerstoff.

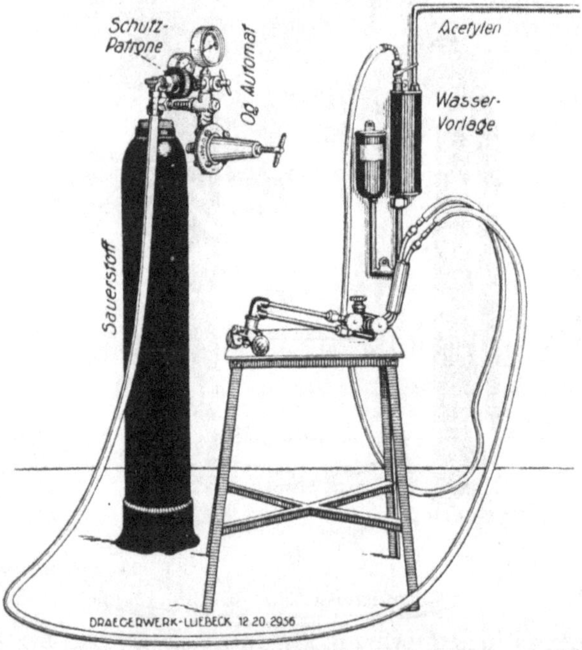

Abbildung 84. Vollständige Anlage für Azetylen-Sauerstoffschneiden

Die Gesamtanlage für Azetylen-Sauerstoffschneiden, bei welcher Azetylen aus einem Entwickler entnommen wird, ist auf Abbildung 84 gezeigt; sie besteht aus einer Sauerstoffstahlflasche, einer Sicherheitswasservorlage, einem Druckminderventil für Sauerstoff und zwei Schläuchen für Sauerstoff und Azetylen.

2. Schneidbrenner.

Auf Abbildung 85 ist der Schneidbrenner in einem teilweisen Durchschnitt zu ersehen. Das Brenngas geht

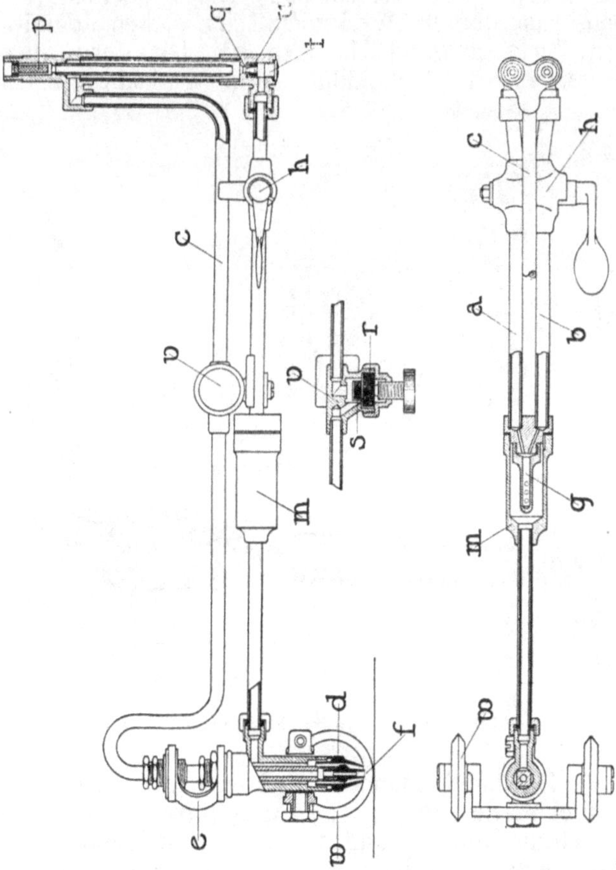

durch das Rohr *a*, der Sauerstoff durch das Rohr *b* in die Mischkammer *m*, und von dort aus in das Mundstück *d*.

Der Sauerstoff zum Schneiden geht durch das Rohr *c* und kommt in die Düse *f*. Die Sauerstoffdüse soll möglichst dicht (3–6 mm) über dem Werkstück münden; damit der Sauerstoffstrahl nicht auseinander geht. Man macht eine Erweiterung der Schneidedüse am unteren Ende, um der vom Sauerstoffstrahl angesaugten Luft eine bestimmte Richtung zu verschaffen. Die Schneidedüse soll senkrecht zur oberen Werkstückfläche stehen, damit die geringste Dicke zu durchschneiden ist. Die Vorwärmedüse soll weiter als die Schneiddüse vom Werkstück abstehen.

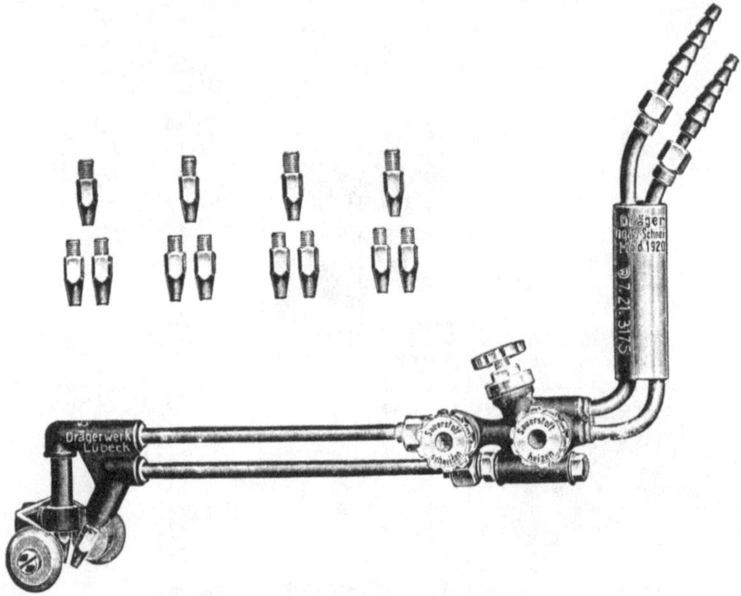

Abbildung 86. Zweistrahlschneidbrenner.

Bezüglich der Düsenanordnung können drei Ausführungen angewendet werden und zwar: Sauerstoff und Vorwärmedüse können getrennt hintereinander (Abb. 86), in einem Gehäusestück hintereinander, oder konzentrisch (Abb. 85) angeordnet sein. Im letzten Falle liegt die Vorwärmedüse als eine Ringdüse um die Sauerstoffdüse. In den beiden ersten Anordnungen (Zweistrahlbrenner) soll die Vorwärmedüse stets in der Bewegungsrichtung vor der Sauerstoffdüse liegen.

Die konzentrische Anordnung ist besonders bequem für das Schneiden von Kurven, da für diesen Fall bei anderen Anordnungen der Sauerstoffstrahl und die Vorwärmeflamme nicht genau in der Linienführung übereinstimmen.

Die Schneidapparate werden mit zwei Schläuchen (für Brenngas und Sauerstoff) oder mit drei Schläuchen (für Brenngas, Vorwärmesauerstoff, Schneidesauerstoff) ausgeführt. Wenn das Schneiden einer größeren Dicke (von 300–800 mm) in Frage kommt, wird ein vierter Schlauch für die weitere Zuführung des Brenngases in die Mitte der Dicke des Arbeitsstückes eingeführt, um damit das verbrannte Material zum Schmelzen und Abfließen zu bringen.

In neuester Zeit werden auch Universalschweiß- und Schneidbrenner konstruiert, die auswechselbare Mundstücke für das Schweißen oder Schneiden haben und auch besondere Ansätze für das Arbeiten mit Wasserstoff und Azetylen. Für das Schneiden ist eine abschraubbare Radführung vorgesehen. Diese Brenner dienen zum Schweißen der Bleche von 0,5–20 mm und zum Schneiden von 2–100 mm.

Auf Abbildung 86 ist ein Zweistrahlschneidgerät gezeigt, das für Sauerstoff-Azetylen und Sauerstoff-Wasserstoff verwendet werden kann. Der Zweistrahlbrenner ist besonders zum Durchschlagen von Löchern bei großen Materialstärken über 30 mm geeignet. Die schmale und schlanke Ausbildung des Brennerkopfes und der Mundstücke ermöglicht ein Abschneiden von Nietköpfen.

Von den Spezialvorrichtungen sind die Nietkopfbrenner zu erwähnen, die eine spezielle Form des Mundstückes haben, um den Sauerstoff quer zur Nietachse glatt über das Blech zu richten.

3. Schneidmaschinen.

Wenn der Schneidbrenner direkt durch die Hand geführt wird, wie es früher der Fall war, entstehen schon durch die geringste Verschiebung in der Richtung des ausströmenden Sauerstoffes ungleichmäßige Schnitte. Daher ist es zweckmäßig, Führungsvorrichtungen zu verwenden.

Die einfachste Führungsvorrichtung (Abb. 85, 86) besteht aus zwei Rädern, welche an der Sauerstoffdüse, in ihrer

Höhenlage verstellbar, befestigt sind. Es ist von Wichtigkeit, daß diese Rollenführung durch eintretende Wärmedehnung sowie durch angespritzten Zunder des verbrannten Eisens in ihrer Bewegung nicht behindert wird, da jede Störung ihres Vorschubes zu Ungleichheiten in der Schnittfuge führt. Darum bedarf auch diese einfache Vorrichtung, deren Verwendungsgebiet sehr groß ist, einer sorgfältigen Bedienung.

Die beschriebene Führungsvorrichtung ist aber nicht genügend vollkommen, um eine schnelle und exakte Ausführung vieler autogener Schneidarbeiten sicher zu stellen. Es seien daher die maschinellen Führungsvorrichtungen be-

Abbildung 87. Längsschneidmaschine.

schrieben, welche von der Chemischen Fabrik Griesheim-Elektron eingeführt sind. Alle diese Maschinen haben den gemeinsamen Vorteil, daß das Schneiden vollkommen unabhängig von dem Vibrieren der Hand des Arbeiters erfolgt, wodurch vollkommen sauber bearbeitete Schnittstücke erreicht werden, so daß das autogene Schneiden fast bis zur Vollkommenheit der mechanischen Schneideverfahren durchgebildet ist.

Auf Abbildung 87 ist eine Längsschneidemaschine ersichtlich, welche aus einer horizontal ausgerichteten Schnittführung besteht, in welcher eine Spindel drehbar gelagert ist. Der eigentliche Brenner befindet sich auf einem Quer-

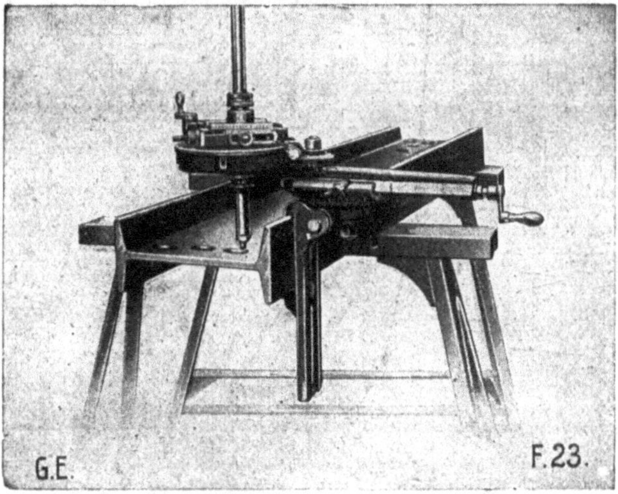

Abbildung 88. Lochschneidmaschine.

Abbildung 89. Profilschneidmaschine.

support, welcher durch Drehen der Spindel bewegt werden kann. Die Schnittlänge ist von $^1/_4$–4 m lang und die Querverschiebung von 180–400 mm. Der Antrieb erfolgt von Hand oder mittels eines Elektromotors.

Abbildung 88 zeigt eine Maschine zum Schneiden von Löchern von 10–100 mm Durchmesser. Um ein schnelles und bequemes Aufspannen der Maschine zu ermöglichen, ist eine leicht auswechselbare Aufspannvorrichtung vorgesehen. Der Rundschnitt wird mittels einer Kreisführung ausgeführt.

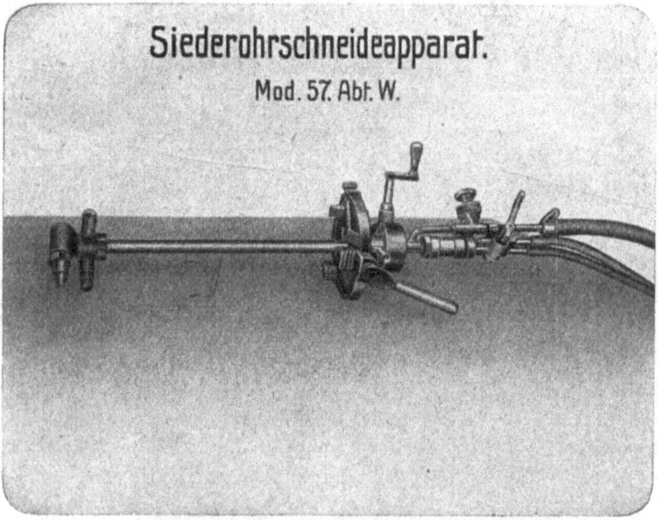

Abbildung 90. Siederohrschneidmaschine.

Die Profileisenschneidmaschine (Abbildung 89) ist ähnlich der Längsschneidmaschine ausgeführt. Sie ist leicht auf jedes Stück einstellbar, und es ist im Bedarfsfalle möglich, die Maschine zum Längsschneiden zu verwenden.

Die Spezialsiederohrschneidmaschine (Abbildung 90) besteht aus einem Brennerkopf, der auf einer Stange sitzt, welche in dem zu schneidenden Rohr beliebig verschoben werden kann. Ein Ansatz von Kesselstein, der zerstörend auf die übrigen mechanischen Werkzeuge wirkt, beeinflußt das Funktionieren dieses Apparates nicht im geringsten.

Für den Schiffbau ist die Kreisschneidmaschine (Abbildung 91) von Wichtigkeit, welche im wesentlichen aus einer Vertikalsäule, die mittels eines Fußes auf dem Arbeitsstück befestigt wird und der an dieser Säule aufgehängten Antriebsvorrichtung mit schwenkbarem Arm besteht. Der

Abbildung 91. Kreisschneidmaschine.

Antrieb erfolgt mittels Kurbel oder, wenn gewünscht, mittels Motor. Die Maschine kann mit einem Elektromagneten, der zum Aufspannen dient, ausgerüstet werden.

Die Wellenschneidmaschine (Abbildung 92) dient zum genauen Schnitt an Wellen, wo die Brennerachse stets genau in der gleichen Richtung gehalten werden soll. Die Maschine besitzt dazu einen Sattel, der eine Einstellung des Brenners genau senkrecht zur Wellenachse ermöglicht und wird mit Hilfe einer Gelenkkette festgespannt. Der Brenner wird von der Kurbel aus durch Schnecke und Schneckenrad und weiter durch doppelte Parallelogrammführung angetrieben.

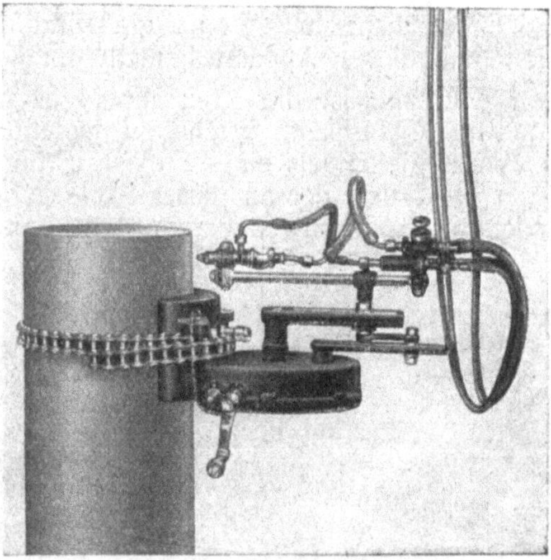

Abbildung 92. Wellenschneidmaschine.

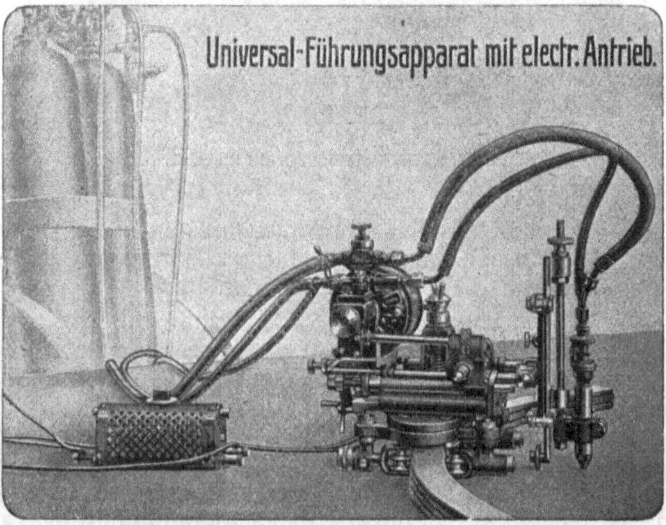

Abbildung 93. Universalschneidmaschine.

Die Universalschneidmaschine (Abbildung 93) kann zur Ausführung aller möglicher Fassonschnitte dienen. Der Brenner wird auf einem Fahrzeug befestigt und durch Hand- oder Elektromotor auf einer Bleischiene geführt, die als Lehre dient und auf dem Arbeitsstück befestigt ist.

4. Die Schneidbarkeit der Metalle.

Die Auswahl des Brenngases*) (Wasserstoff oder Azetylen) ist bei autogenem Schneiden durch ökonomische Bedingungen bestimmt, da das zu schneidende Eisen nur auf die Zündtemperatur des Eisens im reinen Sauerstoff (1350°) vorgewärmt zu werden braucht.

Stahl, Schmiedeeisen, Stahlguß und Panzerstahl lassen sich gut autogen schneiden. Aus Abbildung 1, auf welcher die Zündtemperatur des im Sauerstoff brennenden Eisens ersichtlich ist, kann man ersehen, daß für diese Metalle die Zündtemperatur unter dem Schmelzpunkte liegt. Bei Gußeisen liegen die Verhältnisse anders, d. h. bei ihm liegt die Schmelztemperatur unter der Zündtemperatur; aus diesem Grunde ist Gußeisen nur durchzuschmelzen, nicht zu zerschneiden, denn dabei entstehen natürlich breite unsaubere Schnitte, weil das Eisen im Bereich der Flamme vorzeitig, d. h. bevor es verbrennt, wegfließt.

Der gleiche Vorgang, nämlich daß das Metall weggeschmolzen wird, ehe es sich entzündet hat, ist auch bei anderen Metallen, wie Kupfer, Aluminium, Bronze, Weißmetall usw. ein Hindernis für das Schneiden.

Zum Durchschmelzen der nicht schneidbaren Metalle kann man den elektrischen Lichtbogen (nach dem Verfahren von Benardos) verwenden. Die obere Grenze für dieses Durchschmelzen liegt bei 50–60 mm Stärke.

5. Einfluß des Sauerstoffs.

Die Reinheit des Sauerstoffes ist von großer Wichtigkeit für die Schneidarbeiten, da unreiner Sauerstoff Verlängerung der Schnittdauer, Erhöhung des Druckes und damit stärkeren Verbrauch und Vergrößerung der Schnittbreite d. h. Materialverlust ergibt. Man rechnet im Durchschnitt, daß ein Reinheits-

*) evtl. auch flüssigen Brennstoff.

grad von mindestens 98% vorhanden sein soll. Bei Sauerstoff mit einem Reinheitsgrad von 95% ist die Schnittdauer (bei Azetylen als Brenngas) schon die doppelte wie bei 98%.

Der Druck des Sauerstoffes soll, wie schon erwähnt, in einem bestimmten Zusammenhang mit der Dicke des zu schneidenden Materials stehen. (s. Tabelle XX.)

Die Vorwärmeflamme ist meistens reichlich kräftig; wie schon erwähnt, soll sie nur ein fortlaufendes Entzünden der Schnittfuge an der Oberfläche bewirken. Bei starker Zunder- oder Rostschicht, welche als bereits oxydiertes Material das Anbrennen des Eisens hindert, ist starke Vorwärmung nötig. Eine zu starke Flamme kann auch ein Ueberhitzen der Schnittränder hervorrufen.

In keinem Falle hat man eine wesentliche Beeinträchtigung der Güte des an die Schnittstelle angrenzenden Materials festgestellt (s. Engineering vom 22. März 1924).

IX. Unterwasserschneiden.

Die Anwendung des autogenen Schneidens bei Unterwasserschneidarbeiten hat den Tauchern ein wichtiges Werkzeug in die Hand gegeben, das mit den bisher verwendeten Werkzeugen kaum zu vergleichen ist. Die Hauptforderung für das autogene Unterwasserschneiden besteht darin, daß es von dem Taucher nur eine langsame Bewegung des Brenners und die leichte Bewegung von Ventilen beanspruchen darf. Um ihm diese Vorteile zu bieten, hat der Gedanke des Unterwasserschneidens auf autogenem Wege viele Erfinder beschäftigt. Vom Jahre 1909 bis 1914 sind eine ganze Reihe Patente derartiger Erfindungen angemeldet und deren Aufgaben theoretisch klargelegt worden.

Ohne auf die Einzelheiten dieser Patente einzugehen, muß hervorgehoben werden, daß die praktische Lösung dieser Aufgabe von der „Deutsch-Luxemburgischen Bergwerks- und Hütten-Aktiengesellschaft“ durchgeführt worden ist, die sämtliche Patente erworben und die Versuche im breiten Maßstabe in der Versuchsanstalt für Unterwasserschneiden organisiert hat.

Das Verfahren des Unterwasserschneidens beruht im wesentlichen darauf, daß durch Zuführung von Preßluft (oder auch Sauerstoff) eine Luftabsperrung herbeigeführt wird, die das Auslöschen der Flamme unter Wasser verhindert. In Uebereinstimmung damit ist bei Ausführung größerer Unterwasserschneidarbeiten das Aufstellen eines Kompressors für Preßluft mit einem Druck von 6 bis 7 Atm. und einer Leistung von 40 bis 50 cbm in einer Stunde wichtig.

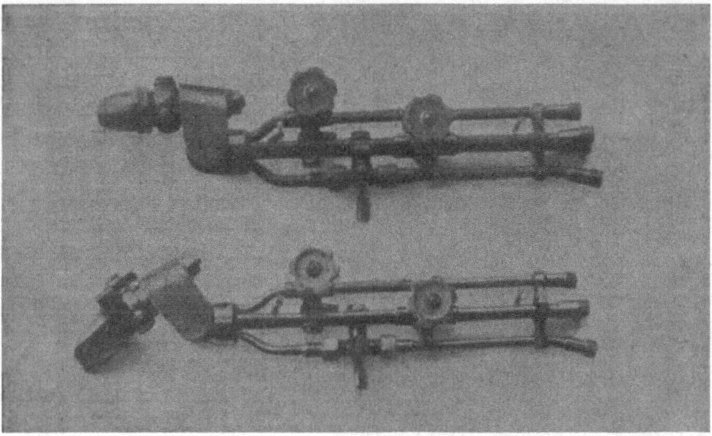

Abbildung 94. Unterwasserschneidapparat.

Bei Ausführung kleiner Unterwasserschneidarbeiten und da, wo die Beschaffung eines Kompressors Schwierigkeiten macht, kann Sauerstoff an Stelle von Preßluft verwendet werden. Das Mundstück des Brenners für das Unterwasserschneiden besteht aus drei Düsen, von denen die innere für den Sauerstoff, die mittlere für das Brenngas, die äußere für Preßluft dient.

Auf Abbildung 94 ist ein Unterwasserschneidapparat dargestellt. Als hauptsächlichste Verbesserung soll die Möglichkeit der Verstellung des Brennkopfes hervorgehoben werden, so daß dem Taucher die Möglichkeit gegeben ist, auch auf bedeutende Entfernung zu schneiden, indem er nur das Mundstück verstellt; dies ist vor allem wichtig bei Stellen, die über Kopf liegen oder schwer zugänglich sind.

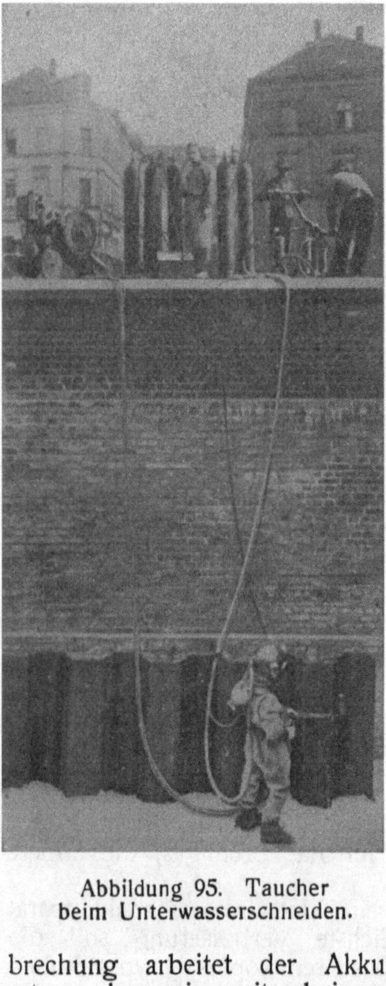

Abbildung 95. Taucher beim Unterwasserschneiden.

Es ist ferner nötig, daß die Gase in die Düsen des Brenners mit entsprechendem Druck eintreten, damit sie eine gleichmäßige Flamme sichern.

Die Vorrichtung für ein schnelles Wiederanzünden der Flamme unter Wasser, wenn diese durch irgendwelche störenden äußeren Umstände zum Erlöschen kommt oder im Verlauf der Arbeit abgestellt wird, besteht in der Hauptsache aus einer elektrischen Zündkerze, die den Hochspannungsstrom von einer Sekundärwicklung erhält, wobei die Primärwicklung den Strom von einem Akkumulator nach Schließung des wasserdichten Schalters erhält. Dadurch wird die magnetische Wirkung des Eisenkernes des Induktors der Stromunterbrecher betätigt, welcher sogleich wieder mit Hilfe einer Feder den Stromkreis schließt. In der Zeit der Stromunterbrechung arbeitet der Akkumulator auf den Kondensator der seinerseits bei geschlossenem Stromkreis die

Wirkung des Akkumulators in der Primärwicklung verstärkt. Die nach und nach erhöhte Stromkraft in der Primärwicklung erhöht die Spannung in der Sekundärwicklung, die den Strom für die Zündkerze liefert. Der Pol der Hochspannung, von dem der Funke abspringt, schließt glatt mit seiner Isolierung ab oder geht auch evtl. darin ein, um eine leitende Wirkung des Wassers zwischen Pol und armiertem Zündkabel zu verhindern. Das sich zwischen dem Zündkerzenbügel und der Zündkerze befindliche Wasser wird mit Hilfe der Gase, die dem Brenner entströmen, beseitigt, wodurch die Bildung von Funken gesichert wird. Die Zündung befindet sich entweder im Brustgewicht des Tauchers oder in einem besonderen Rohr als Handzündung.

Außer diesen Apparaten gehören zu der Ausrüstung des Tauchers bei längeren Unterwasserschneidarbeiten je 5 Flaschen Sauerstoff und Wasserstoff mit Armatur, ein Satz Apparate, die das Einfrieren derselben verhindern, ferner noch je ein Hochdruck- und Arbeitsmanometer für Sauerstoff und Wasserstoff. Ein Gesamtbild der Anordnung ist auf Abbildung 95 gezeigt.

In der nachstehenden Tabelle sind die Gasdrucke für verschiedene Wassertiefen angegeben.

Tabelle XIII.

Wassertiefe in m	Druck in Atm.			
	Preßluft	Wasserstoff	Sauerstoff	Sauerstoff f. Schneiden
1—5	2—3	2,5	3,5	5
5—10	3—3,5	2,5	3,5	5
10—15	3,6—4	3—3,5	4	5,5
15—20	4	3,5—4	5	5,6
20—25	4,5	4—4,4	6	6
25—30	4,5—5	5—5,5	6,5	6

Bei einer Materialstärke über 50 mm muß der Sauerstoffdruck für das Schneiden erhöht werden.

Hier ist besonders zu bemerken, daß beim Unterwasserschneiden in der Hauptsache Wasserstoff verwandt wird mit Rücksicht auf die gefahrlose Unterbringung desselben bei hohem Druck. Die tiefere Temperatur der Wasserstoffflamme gegenüber Azetylen ist ohne Bedeutung, denn es genügt, wenn beim Schneiden des Eisens die Verbrennungstemperatur des Eisens in Sauerstoff, d. i. 1350 ^{0}, erreicht wird. Die angestellten Versuche, beim Unterwasserschneiden Azetylen, aufgelöst in Azeton (Dissousgas), zu verwenden, haben ganz befriedigende Ergebnisse gehabt. Diese Versuche sind bei einer Tiefe von 3,5 m angestellt worden.

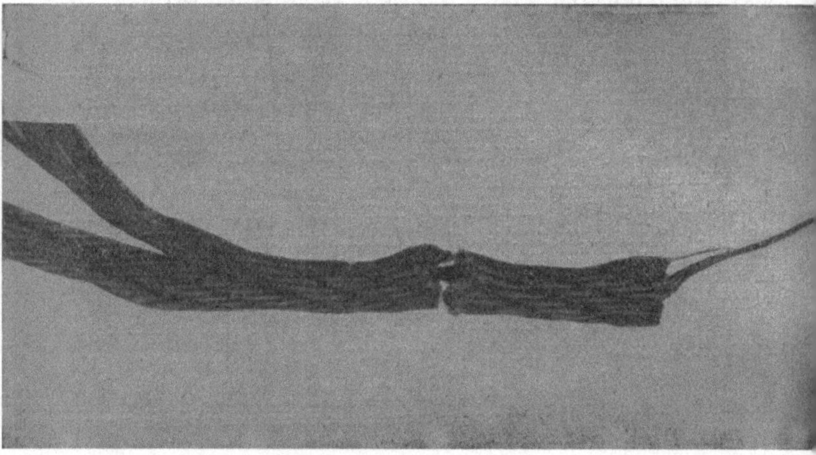

Abbildung 96. Durchschnittene 50 mm Trosse.

Zur Zeit werden Versuche gemacht, die Verwendung von Azetylen unmittelbar aus dem Gasentwickler möglich zu machen. Diese Versuche haben jedoch noch nicht das Material für eine endgültige Entscheidung zur Verwendung dieses Mittels bei großen Tiefen geliefert.

Die vorhandenen Apparate lassen ein Schneiden bis zu einer Materialstärke von 150 mm zu. Das Unterwasserschneiden hat sich bei vielen Schiffsarbeiten als sehr vorteilhaft erwiesen, in der Hauptsache in Fällen, wo man auf Stahltrossen oder Ketten bei den Schiffsankern stößt; ferner bei der Rettung von Schiffen, wo eine schnelle Enfernung überflüssiger Eisenteile notwendig wurde.

Außerdem hat das Unterwasserschneiden eine breite Verwendung gefunden beim Beschneiden von Spundwandeisen aus Profileisen „System Larssen". Bei diesen Arbeiten ist festgestellt worden, daß ein Taucher bei Tätigkeit in klarem Wasser durchschnittlich 0,9 bis 1 laufenden Meter Spundwandlänge in der Stunde, das entspricht 1,45 Meter Schnittlänge, schneiden kann.

X. Sauerstoff.

1. Die Erzeugung von Sauerstoff.

Zur Gewinnung von Sauerstoff (ein geruch-, geschmack- und farbloses Gas, das selbst nicht brennbar, aber zu jeder Verbrennung erforderlich ist) stehen zwei Rohstoffe zur Verfügung, nämlich Wasser, das 89% Sauerstoff und Luft, die 21% Sauerstoff enthält. Die Zerlegung des Wassers in Sauerstoff und Wasserstoff mittels des elektrischen Stromes ist das einfachste Verfahren zur Erzeugung von Sauerstoff; es ist jedoch mit der Gefahr des Entstehens von Knallgas verbunden. Die Herstellung von einem Kubikmeter Sauerstoff nach dem letzteren Verfahren geschieht unter Aufwendung von etwa 12 Kilowattstunden, was 3—8 mal größer ist als bei den Anlagen, die nach dem Verfahren der Luftverflüssigung arbeiten.

Dieses letztere Verfahren gründet sich auf die Verschiedenheit der Siedepunkte von Sauerstoff und Stickstoff. [Sauerstoff bei — 183° C und Stickstoff bei – 195,8° C.] Die Luft wird in flüssigem Zustande einer Rektifikation (ähnlich wie sie in der Spiritusindustrie zur Trennung von Alkohol und Wasser üblich ist) unterworfen; die Zerlegungsprodukte werden unter Wiedergewinnung der zur Verflüssigung angewendeten Kälte verdampft und auf Zimmertemperatur gebracht. Um Verflüssigung zu erzielen, wird die Luft auf einen Druck von 200 Atm. gebracht und nach Entziehung der Kompressionswärme durch ein Drosselventil auf Atmosphärendruck entspannt. Dabei tritt eine fortschreitende Abkühlung der Luft ein, bis die sogenannte kritische Temperatur erreicht wird, die zur Verflüssigung der Luft nötig ist.

Die Sauerstoffanlage besteht im wesentlichen aus folgenden Teilen:

1. Apparat zum Ausscheiden der Kohlensäure aus der Luft,
2. einer Kompressoranlage, die die Luft bis auf 200 Atm. verdichtet,
3. Trockenvorrichtungen, in denen die verdichtete Luft von ihrem Feuchtigkeitsgehalt befreit wird,
4. einem Trennapparat, zur Verflüssigung und Rektifikation der Luft.

Für das Aufspeichern des Sauerstoffes und die Füllung der Stahlflaschen sind noch folgende Apparate vorgesehen:

5. ein Gasmesser, um die Menge des erzeugten Sauerstoffes festzustellen,
6. ein Behälter zum Aufspeichern des Sauerstoffes,
7. eine Flaschenfüllanlage mit einem Kompressor.

Die in dem Schema 97 abgebildete Sauerstoffanlage arbeitet auf folgende Weise:

Eine der stündlichen Leistung der Anlage entsprechende Luftmenge wird zur Reinigung von Kohlensäure von einem Luftkompressor (2) durch einen Berieselungsturm (1) angesaugt. Die Absorption der Kohlensäure wird in dem Berieselungsturm in der Weise erzielt, daß die zu reinigende Luft unten am Berieselungsturm eintritt und an dessen

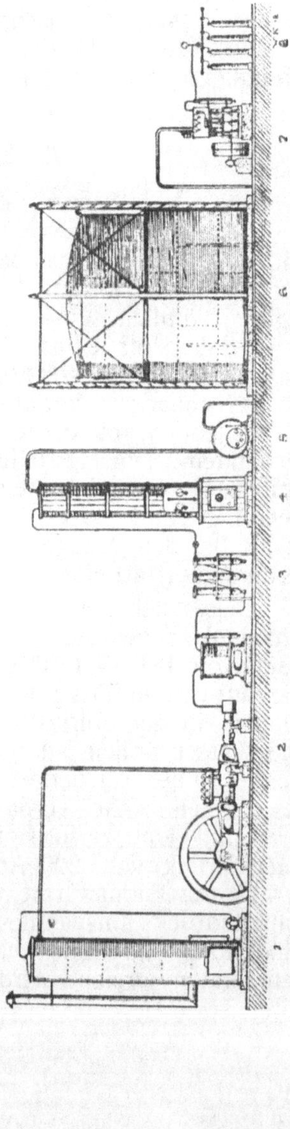

Abbildung 97. Schema einer Sauerstoffanlage (nach Heylandt).

oberem Ende durch den Kompressor abgesaugt wird. Das Absorptionsmittel (Natronlauge) rieselt im Gegenstrom von oben nach unten der Luft entgegen und nimmt so die Kohlensäure derselben in sich auf. Dieser Vorgang erfordert einen ständigen Ablauf der Natronlauge, weshalb die unten im Turm ankommende Lauge durch eine Zentrifugalpumpe abgesaugt und oben auf dem Turm wieder aufgegeben wird. Bei größeren Anlagen kann die Kohlensäureabscheidung auch unter Druck erfolgen, und in diesen Fällen ist der Druckbehälter zwischen die zweite und dritte Stufe des Luftkompressors eingebaut, wodurch eine wesentliche Ersparnis an Chemikalien eintritt. Die Absorption der Kohlensäure erfolgt in diesem Falle unter einem Druck von 10–12 Atm., der evtl. auf 16 Atm. gesteigert werden kann (s. Laschin M. Der Sauerstoff, seine Gewinnung und seine Anwendung in der Industrie 1924, Marhold–Halle).

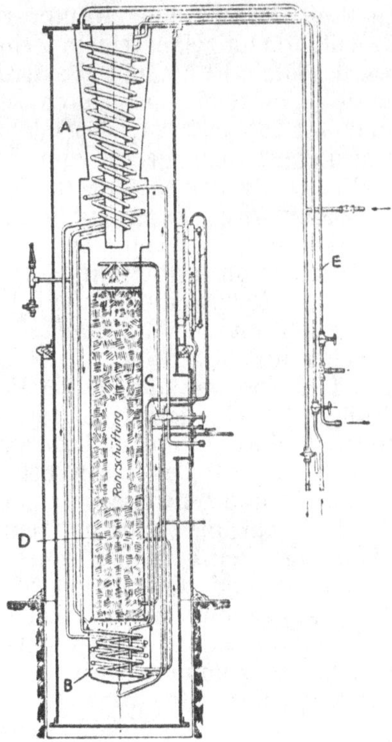

Abbildung 98. Schema eines Trennungsapparates

Die Luftkompressoren, die meistens in liegender Bauart ausgeführt werden, sind Verbundmaschinen in der Regel mit vier Kompressionsstufen und verdichten die Luft bis auf 200 Atm. Im Beharrungszustand ermäßigt sich der Kompressionsdruck auf etwa 35–60 Atm., was genügend ist, um die Kälteverluste im

Trennapparat zu decken. Die verdichtete und abgekühlte Luft durchstreicht nach der letzten Kompressionsstufe einen Oel- und Wasserabscheider und wird dann in die Trockenanlage (3) geleitet. Durch die Kompression und Vorreinigung scheidet aus der angesaugten Luft bereits der in derselben enthaltene Wasserdampf zu einem großen Teil aus, sodaß die Luft am Ende ihrer Kompression nur einen Wasserdampfgehalt von ungefähr einem Zehntel des ursprünglichen aufweist. Diese Restmenge Wasserdampf und Kohlensäure wird in den Trockenflaschen durch Verwendung von Chlorkalzium und Aetzkali entfernt. Nachdem die Luft gereinigt nnd getrocknet ist, gelangt sie zum Trennapparat (4), wo sie von 200 bezw. 35 bis 60 Atm. auf nahezu atmosphärischen Druck entspannt wird. Es erfolgt dabei eine starke Abkühlung und Verflüssigung der Luft. Die Trennung der Luft in Stickstoff und Sauerstoff erfolgt in einer in dem Trennapparat eingebauten Rektifikationssäule. Vom Trennapparat geht der Sauerstoff zweckmäßigerweise zunächst nach einem Gasbehälter (6).

Der Vorgang, der in der Rektifikationssäule (s. Abb. 98) erfolgt, besteht darin, daß die verdichtete Luft die Spiralrohre **A** durchströmt und zu einer Schlange im Behälter **B** kommt, wo sie den darin befindlichen flüssigen Sauerstoff vorwärmt und teilweise verdampft. Auf solche Weise wird die Luft auf die kritische Temperatur gebracht; die Verflüssigung wird mittels eines Reduktionsventiles **C** beschleunigt, und die Flüssigkeit gießt sich im oberen Teile der Rektifikationssäule aus. Die nach unten tropfende flüssige Luft kommt in Berührung mit den Dämpfen, die aus dem Behälter **B** kommen, wobei der Stickstoff nach oben und der Sauerstoff unten nach dem Behälter **B** geht.

Der auf diese Weise gewonnene gasförmige Sauerstoff verläßt den Trennapparat mit einem Reinheitsgrad von 96–98%. Je nachdem, ob gleichzeitig auch reiner Stickstoff gewonnen werden soll oder nicht, ergibt eine angesaugte Menge von 6–8 cbm Luft 1 cbm Sauerstoff.

---

2. Batterien und Leitungen

Aus dem Behälter zum Aufspeichern saugt ein Kompressor den Sauerstoff an und drückt ihn unter 150 Atm. Druck in ortfeste Batterien, aus welchen feste Sauerstoffleitungen an die Arbeitsstellen führen. Die Batterie besteht meistens aus großen, mehrere hundert Liter fassenden starken Behältern. Diese Behälter sind in einem Holz- oder Eisengerüst übereinanderliegend fest eingebaut, mit Ventilen versehen und durch bewegliche Trompeten- oder Spiralrohre an das Sammelrohr angeschlossen. An dieses Sammelrohr schließt sich die Füllleitung vom Sauerstoffkompressor und die Hauptleitung zur Werkstatt an. Die Batterie ist der Kompressionspuffer und der Sauerstoffspeicher für die Zeit, in der die Erzeugungsanlage ruht. Die untenstehende Tabelle gibt den lichten Durchmesser der Rohre bei einer Ausnutzung der Sauerstoffzylinder bis herunter zu 5 Atm. Restinhalt und einem Druckabfall von 1 Atm. am Ende der Leitung.

Tabelle XIV*).

Länge der Leitung	Stündliche Durchgangsmenge an Sauerstoff					
	1 cbm	2 cbm	4 cbm	6 cbm	8 cbm	10 cbm
10 m	3 mm	4 mm	5 mm	5,5 mm	6 mm	7 mm
20 „	3,5 „	4,5 „	5,5 „	6 „	7 „	8 „
30 „	4 „	5 „	6 „	6,5 „	7,5 „	8,5 „
50 „	4,5 „	5,5 „	6,5 „	7 „	8 „	9 „
100 „	5 „	6 „	7,5 „	8 „	9 „	10 „
150 „	5,5 „	6,5 „	8,5 „	9 „	10 „	11 „
200 „	6 „	7 „	9 „	10 „	11 „	12 „
500 „	7 „	9 „	11 „	12 „	13 „	13 „

Wenn die Batterie so groß gewählt ist, daß der Sauerstoffdruck nicht unter 20—30 Atm. sinkt, so kann die Rohrleitung im ganzen Betriebe erheblich enger sein, weil hier eine weitgehende Ausnutzung des Druckes in dem Sauerstoffzylinder nicht in Frage kommt.

Wo eine wirtschaftliche Selbsterzeugung des Sauerstoffes nicht möglich ist, ist seine Aufbewahrung in Stahlflaschen notwendig. In diesem Falle wird eine Doppelbatterie aus Stahlflaschen angelegt. Die Sauerstoffversorgung des Leitungsnetzes erfolgt durch diese Doppelbatterie aus den handels-

*) S. Drägerhefte Nr. 98.

üblichen Stahlflaschen von 30, 40 oder 50 Liter Wasserinhalt ($4\frac{1}{2}$, 6 und $7\frac{1}{2}$ cbm Sauerstoffinhalt). Entsprechend dem täglichen Sauerstoffverbrauch des Betriebes ist auch die Anzahl der Batteriezylinder zu wählen, so daß täglich nur ein- oder zweimal ein Auswechseln der Zylinder erforderlich ist. Die Sauerstoffzylinder sollen bis zu einem Restinhalt von etwa 5–8 Atm. verbraucht werden, und der Druckabfall in der Leitung soll höchstens 2 Atm. betragen.

Anwendung von Einzelstahlflaschen soll nur an Stellen erfolgen, wo keine festen Leitungen benutzt werden können, denn einmal verteuert der Hin- und Hertransport der Flaschen die Kosten der Arbeit erheblich, und außerdem ist selbst bei sorgfältigster Behandlung eine gewisse Gefährdung nicht ganz ausgeschaltet. Auch ist das Einfrieren der Druckminderventile bei einzelnen Flaschen unvermeidlich (s. Abschnitt 4).

3. Stahlflaschen für Sauerstoff.

Die Stahlflaschen werden aus Qualitätsmaterial, meist aus Mannesmann-Stahlrohr, hergestellt. Der Gasinhalt der Flaschen wird aus dem Wasserinhalt gemessen, welch letzterer von 5 bis 60 Liter Wasser variiert. Die übliche Normalflasche mit 40 Liter Wasserinhalt mit einem Durchmesser von 8 Zoll und einer Höhe von etwa 1700 mm nimmt bei 150 Atm. Füllungsdruck genau 6000 Liter verdichtetes Gas auf. Gewicht der Flasche leer ca. 70 kg., mit Sauerstoff gefüllt ca. 79 kg.

Die Flasche (Abb. 99) besteht aus einem Stahlrohr von 5–8 mm Dicke, oben halsförmig verengt. Der Flaschenhals besitzt innen Gasgewinde, welches zum Einschrauben des Flaschenventiles (e) dient. Auf der Flasche sollen eingeschlagen werden: Name des Besitzers, Flaschennummer, Probedruck (225 Atm.), zulässiger Füllungsdruck sowie ihr Wasserinhalt.

Der Hauptzweck des Flaschenventils ist der sichere Abschluß der gefüllten Flasche und Anschluß des Druckminderventils. Die Konstruktion dieses Ventils ist aus Abbildung 100 ersichtlich. Die Verbindung der Oberspindel (4) mit der den Abdichtungsstöpsel (3) tragenden Unterspindel (2) ist durch Stahlzunge (5) bewirkt. Die Feder preßt die Oberspindel (4) an die Dichtung (4a) an. Links ist der Stutzen für das Druckminderventil, der während des Transportes und bei Lagerung durch eine Verschraubung geschlossen ist.

Um nicht richtiges Anschließen der Stahlflasche zu vermeiden, tragen alle Sauerstoffflaschen ein Rechtsgewinde, alle Brenngasflaschen ein Linksgewinde. Gemäß der neuen „Polizeiverordnung für den Verkehr mit flüssigen und ver-

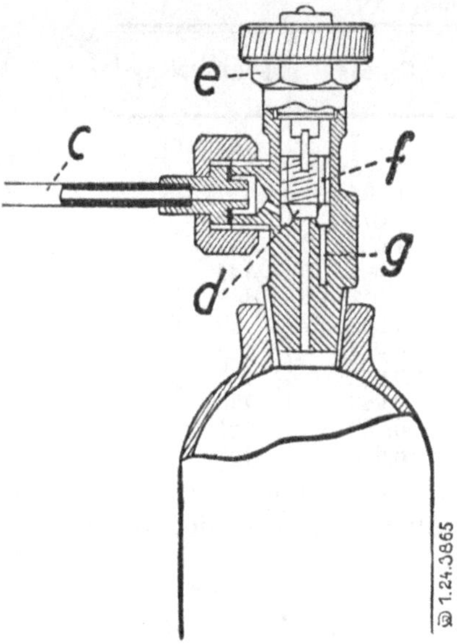

Abbildung 99. Anschlußteil einer Sauerstoffflasche.

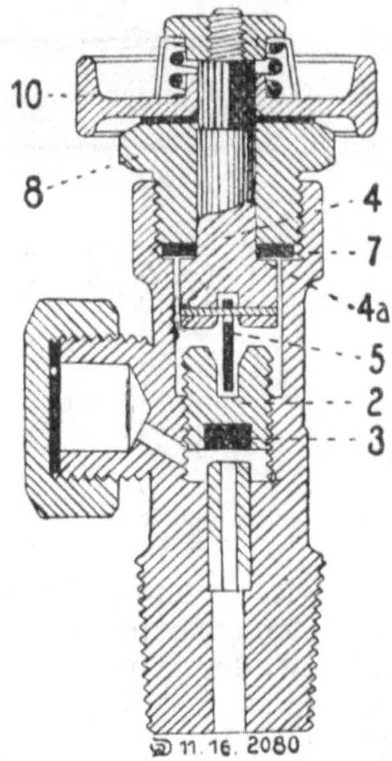

Abbildung 100. Flaschenventil.

dichteten Gasen" sollen alle Wasserstoffflaschen das alte Kohlensäureflaschengewinde behalten (21,8 mm Gewindedurchmesser, 14 Gang auf 1 Zoll). Die Sauerstoffflaschen dagegen haben ein $^3/_4$ zölliges Gasgewinde bekommen (26,174 mm Gewindedurchmesser, 14 Gang auf 1 Zoll).

Die Berechnung des Gasinhaltes J der Stahlflasche erfolgt durch multiplizieren des Wasserinhaltes B der Flasche mit dem Druck p_0 in Atmosphären, der auf dem Inhaltsmanometer des Druckminderventils ablesbar ist. Man muß bei dieser Kontrolle jedoch beachten, daß die Flaschenfüllung bei 15° C stattfindet, und deshalb die Drucknachmessung entweder auch bei 15° C vorgenommen, oder aber die Raumtemperatur berücksichtigt werden muß. Nachstehend sind die einzelnen Faktoren aufgeführt, mit denen man den bei der entsprechenden Temperatur abgelesenen Druck multiplizieren muß, um die Korrektur zu erhalten.

Tabelle XV.

Temperatur	Faktor	Faktor × p_0
— 20 Grad C	1,137	132 Atm.
— 15 " "	1,116	134 "
— 10 " "	1,095	137 "
— 5 " "	1,074	140 "
— 0 " "	1,054	142 "
+ 5 " "	1,035	145 "
+ 10 " "	1,017	148 "
+ 15 " "	**1,000**	**150 "**
+ 20 " "	0,983	153 "
+ 25 " "	0,966	155 "
+ 30 " "	0,950	158 "
+ 35 " "	0,935	161 "
+ 40 " "	0,920	163 "

Die Prüfung der Gasreinheit erfolgt mit Hilfe eines Analysenapparates und ist von großer Wichtigkeit, da Unreinheit des Sauerstoffes den Verbrauch stark vergrößert, besonders bei Schneidarbeiten, die unter 80% Sauerstoffgehalt überhaupt unmöglich werden, da die Zündtemperatur des Eisens in Sauerstoff bei Unreinheit desselben bedeutend steigt.

4. Einfrieren der Druckminderventile*).

Störungen infolge Einfrierens der Druckminderventile werden durch zwei Momente verursacht: den Wassergehalt des verdichteten Sauerstoffes (etwa 1 g in einer 50-Liter-Stahlflasche) und die im Druckreduzierventil auftretende Expansionskälte. Das Eis scheidet sich in der Form feiner Schneekristalle im Hochdruckkanal des Druckreduzierventils aus und belegt auch das Hartgummistück, das den Hochdruckkanal während des Gasströmens etwas freigibt.

*) S. Drägerhefte Nr. 84.

Ein Anwärmen des Druckminderventils ist nur sehr wenig wirksam, da, wenn auch eine Durchwärmung bis zum Ventilsitz eintreten würde, die Gasgeschwindigkeit zu groß ist, um in der kurzen Durchflußzeit die Temperatur des Stutzens anzunehmen. Dieser Prozeß wird durch die Expansionskälte in der Sauerstofflasche gefördert. Wenn der Hochdruck nur langsam fällt, z. B. in 10 Minuten von 150 Atm. auf 100 Atm., so genügt diese Druckminderung, um die eingeschlossene Luftmenge um etwa 15° abzukühlen. Die Gefahr des Einfrierens wird schon geringer, wenn mehrere Sauerstoffflaschen durch Sammelrohre verbunden sind. In jeder einzelnen Stahlflasche wird dadurch die Druckabfallzeit verlängert und der Temperaturausgleich zwischen Stahlflasche und Atmosphäre begünstigt. Wenn jedoch die Außentemperatur unter 0° liegt, dann können die Sammelrohre allein das Einfrieren nicht verhindern, und es ist nötig, die Sammelrohre zu erwärmen, wie auf Abb. 101 dargestellt ist. Diese Wärmevorrichtung besteht aus einem Wasserkasten mit kupfernen, schraubenförmig gewundenen Röhren. An der einen Seite

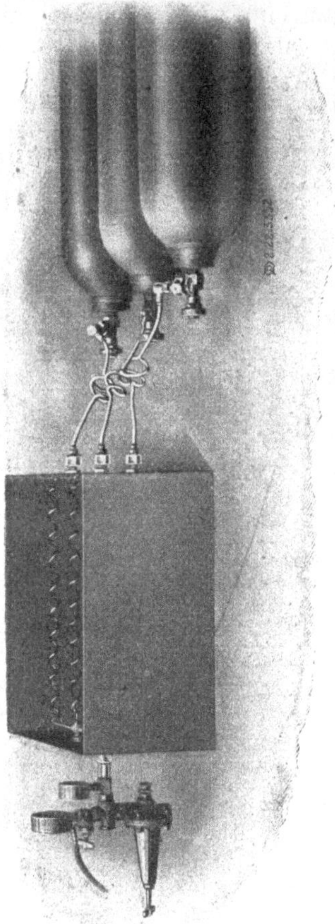

Abbildung 101. Vorrichtung zum Anwärmen der Sammelrohre.

des Wasserkastens werden die Stahlflaschen durch kurze Rohre außen angeschlossen. An der anderen Wasserkastenseite laufen die Schraubenrohre in einem Mehrwegestück zusammen, das mit einem Gewindestutzen nach außen mündet; hier wird das Druckminderventil angeschlossen. Bei einer Außentemperatur von 0° und einem Sauerstoffverbrauch von 1 cbm in 1 Minute genügt eine Wassertemperatur von wenig über 0°. Die Rohre im Wasser überziehen sich, vom Eintrittsende beginnend, mit Eis, jedoch nicht am Austrittsende. Hier ist der Sauerstoff bereits wieder so weit erwärmt, daß er ohne Ausscheidung des eigenen Wassergehaltes frei durch den Ventilsitz strömt. Es besteht keine Möglichkeit, daß das Druckminderventil einfriert. Dieses wird sich zwar, ebenso wie die Stahlflaschen und die Verbindungsrohre zwischen ihnen und dem Vorwärmer, äußerlich mit Reif überziehen. Sogar ein 10 m langer Schlauch und der Brenner bereifen vollständig. Da kalte Geräte während der Arbeit stören, ist es zu empfehlen, kein kaltes, sondern angewärmtes Wasser von 30° bis 40° in den Kasten zu gießen. Dadurch bleiben Druckminderventil, Schlauch und Brenner auch äußerlich eisfrei. Durch zeitweiliges Einwerfen von heißen Schlacken kann das Wasser warm gehalten werden.

XI. Azetylen.

1. Die Eigenschaften des Azetylens.

Azetylen (C_2H_2) besteht aus zwei Atomen Kohlenstoff und zwei Atomen Wasserstoff und ist ein farbloses Gas, von welchem 1 cbm 1,165 kg. wiegt, der Heizwert des Azetylens ändert sich von 12200 W. E. bis 13000 W. E. je nach Reinheit des Gases (für 1 kg).

Azetylen entsteht durch die Einwirkung von Wasser (H_2O) auf Kalziumkarbid (CaC_2) nach der Gleichung:

$$CaC_2 + 2H_2O = Ca(OH)_2 + C_2H_2.$$

Aus dieser Gleichung kann man entnehmen, daß 1 kg Karbid theoretisch 340 l Azetylen ergibt. Da aber eine bestimmte Menge Azetylen sich im Wasser löst und mit dem Wasser abgeführt wird, und stets auch einige Stücke

Karbid unvergast bleiben, so rechnet man im Durchschnitt, daß aus 1 kg Karbid rund 250 l Azetylen entwickelt werden.

Reines Azetylen ist bis 2 Atm. Druck nicht explosiv, aber bei höherem Druck beginnt die Explosionsgefahr. Die Ursachen von Azetylenexplosionen unter 2 Atm. sind in Verunreinigungen (durch Schwefelwasserstoff, Phosphorwasserstoff, Ammoniak und Siliziumwasserstoff) zu suchen. Diese Verunreinigungen des Azetylens sind auch, abgesehen von der Explosionsgefahr, in anderen Beziehungen schädlich. Sie wirken zerstörend auf die Schweiße, und zwar hat das Vorhandensein von Schwefelwasserstoff Rotbrüchigkeit, die Anwesenheit von Phosphorwasserstoff Kaltbrüchigkeit der Naht zur Folge. Außerdem sind die beiden obengenannten Verunreinigungen giftig, und Phosphorwasserstoff wirkt zerstörend auch auf Armaturen und Leitungen der Apparate.

Wie bei chemischen Analysen üblich, ist es möglich, mit Hilfe von Reagenzpapieren die Anwesenheit von Schwefelwasserstoff (durch mit Quecksilberchlorit imprägniertes Papier) nachzuweisen. Um Siliziumwasserstoff und Ammoniak festzustellen, gebraucht man rotes Lakmuspapier.

2. Genehmigungsvorschriften und Einteilung der Apparate.

Azetylen kann in kleinen, beweglichen Apparaten (s. Abb. 38, 103) erzeugt werden, die unmittelbar bei der Verbrauchsstelle aufgestellt sind oder in einer großen stationären Anlage (s. Abb. 102, 104), von welcher eine Rohrleitung zu den Verbrauchsstellen führt.

Nach der neueren Azetylenverordnung (am 1. Januar 1924 in Kraft getreten) sollen Bescheinigung und Zulassung neuer Apparate durch den Deutschen Azetylenausschuß (Berlin) erfolgen*).

*) Entwickler bis 10 kg. Karbidfüllung und bis zu einer Leistung von 6000 Liter pro Stunde dürfen in Arbeitsräumen verwendet werden. Die Type der Apparate soll jedoch geprüft und die Uebereinstimmung der Apparatemasse in jedem einzelnen Falle durch die Gewerbeinspektion oder den Dampfkesselüberwachungsverein kontrolliert werden.

Apparate über 10 kg. Karbidfüllung mit beweglicher Glocke unterliegen der Typenprüfung nicht.

An eine Azetylenerzeugungsanlage soll man im allgemeinen folgende Forderungen stellen:

a) gleichmäßige Entwicklung des Azetylens,
b) möglichst volle Ausnutzung des Karbids,
c) niedrige Temperatur des entwickelten Azetylens,
d) einfache Bedienung ohne Betriebsunterbrechung bei der Entleerung des Kalkrückstandes ($Ca\,O_2\,H_2$),
e) gute Konstruktion und sorgfältige Ausführung aller Apparateteile.

Je nach der Bewegungsrichtung der in Verbindung tretenden Stoffe unterscheidet man zwei Hauptgruppen der Azetylenentwickler: a) System „Wasser zum Karbid" und b) „Karbid ins Wasser". Wir beschränken die folgenden Beschreibungen auf die Apparate, die bei autogener Metallbearbeitung Verwendung finden.

3. System „Wasser zum Karbid".

Die Entwickler dieses Systems werden hauptsächlich als Retorten-Apparate mit zufließendem Wasser ausgeführt; die Einzelheiten eines solchen Apparates sind aus Abb. 102 ersichtlich. Karbid befindet sich in den unterteilten Gefäßen (6), die in die Retorten (7) eingerückt werden. Die bewegliche Glocke (2) läßt beim Sinken das Wasser in das Verteilgefäß (11) ein, von wo es durch eine Röhre (16) in die Retorten kommt. Das Azetylen wird bei (32) entnommen.

Die Apparate mit schwimmender Glocke (Gasdruck bis 200 mm Wassersäule) werden als Niederdruckapparate bezeichnet. Die Apparate mit feststehender Glocke werden in Mitteldruckapparate (Gasdruck von 200 mm bis 1000 mm Wassersäule) und Hochdruckapparate (0,1 – 1 Atm.) eingeteilt. Eine Erhöhung des Gasdruckes hat den Vorzug, daß die Rohrleitungen enger sein können. Die Ueberlegenheit des höheren Gasdruckes in technischer Hinsicht ist noch nicht festgestellt, da bei guten Brennern die Saugwirkung von 1 – 3 m Wassersäule beträgt, so daß ein Druckunterschied von einigen hundert Millimetern in der Leitung keine Rolle spielt. Die Hochdruckapparate sind in der deutschen Praxis noch nicht eingeführt.

Unter „besonderen Ausführungen“ soll eine Abart genannt werden, die zerkleinertes Karbid mittels Zucker und Petroleum behandelt, imprägniert und in zylindrische Körper preßt (Beagid-Körper). Auf Abbildung 103 ist ein Schema dieser Apparate gezeigt, das nach dem Wasserverdrängungs-

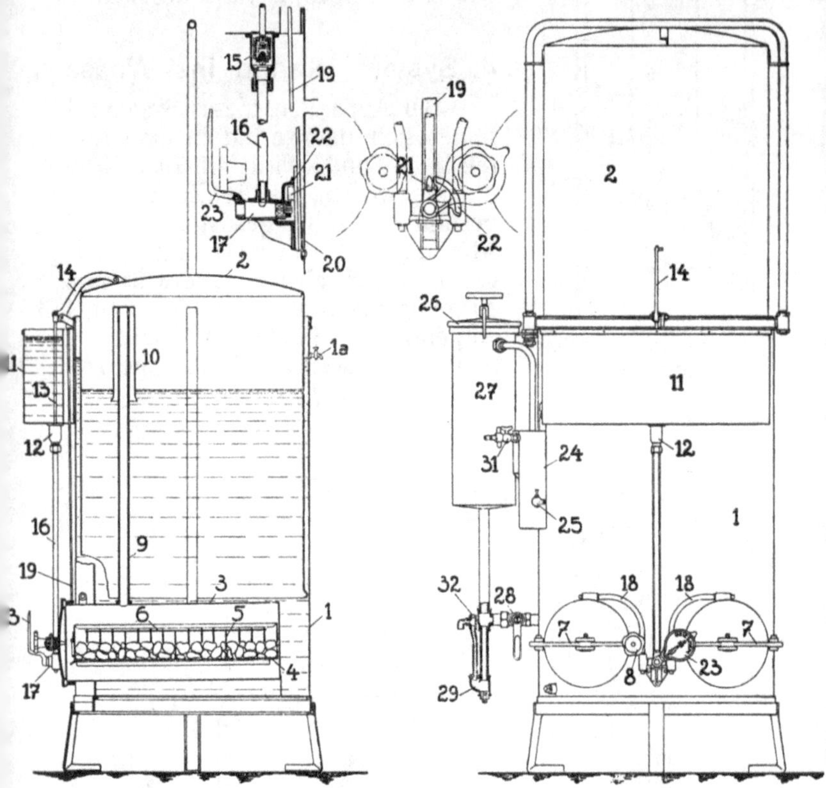

Abbildung 102 Schema eines Retorten-Apparates.

system konstruirt ist und aus einem Wasserbehälter, einem Gassammler und einer Stütze für den Beagid-Zylinder besteht. Die Regulierung entsteht dadurch, daß das überschüssig erzeugte Azetylen das Wasser von dem Beagid-Zylinder abdrückt und die weitere Erzeugung des Azetylens ganz selbständig einstellt. Explosionsgefahr ist bei diesem System ausgeschlossen, und es bietet einen besonderen Vorteil für den Fall, wo man mit Hochdruck-Azetylen arbeiten soll, wie z. B. bei Unterwasserarbeiten.

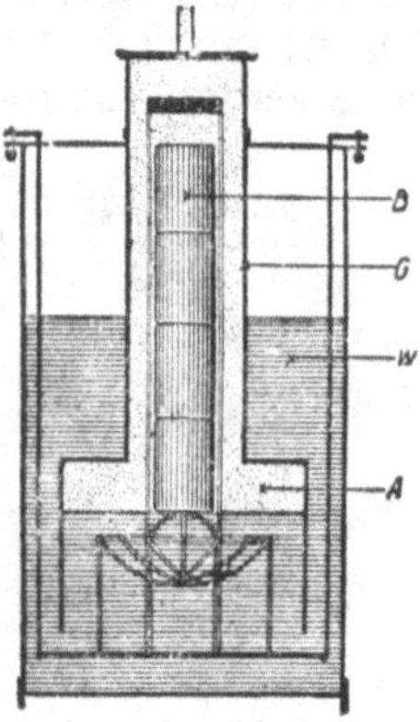

Abbildung 103. Schema eines Beagid-Apparates.

4. System „Karbid ins Wasser".

Bei Apparaten dieses Systems befindet sich das Karbid in einem Vorratsgefäß und wird in das Wasser hineingeworfen, bis die Glocke auf eine bestimmte Höhe gestiegen ist. Auf Abbildung 104 ist eine stationäre Anlage ersichtlich, die als Karbideinwurfapparat ausgeführt ist. Das in das Vorratsgefäß eingebrachte Stückkarbid fällt nach Schließung des Deckels auf eine Trans-

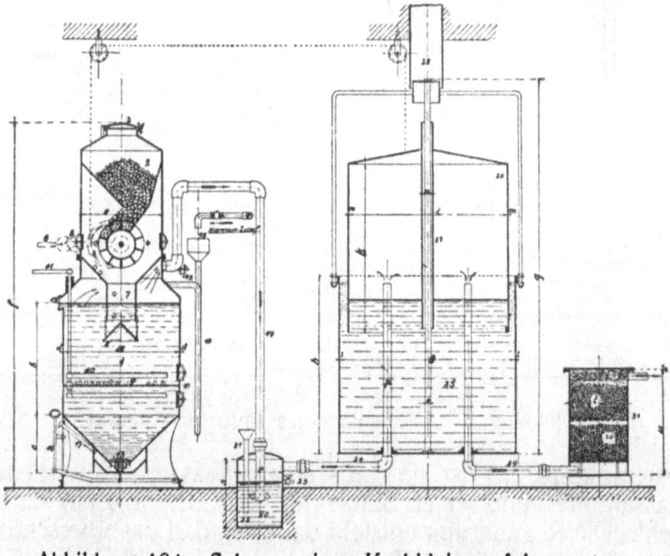
Abbildung 104. Schema eines Karbideinwurf-Apparates.

porttrommel (4), welche mit der Glocke (26) durch den Hebel (6) und durch ein über Rollen geführtes Drahtseil verbunden ist. Der Einwurf des Karbids wird somit durch die Glockenbewegungen geregelt. Das entwickelte Azetylen kommt vorerst durch den Wäscher (20–23) in die Glocke und weiter in den Reiniger (31).

Die sogenannten Tauchapparate, bei welchen das Karbid in einen gelochten Korb eingebracht wird, und wobei der Korb ins Wasser eintaucht, sind weniger sicher und unbequem, da der Karbidkorb bei Neufüllung aus dem Wasser gezogen werden muß, sodaß das heiße Karbid seine Wärme dem frisch erzeugten Azetylen mitteilen kann, ein jedenfalls unerwünschter Zustand.

5. Nebenapparate.

Die obenerwähnten Verunreinigungen des Azetylens bringen eine Explosionsgefahr mit sich, besonders bei Gegenwart von Luft. Aus diesen Gründen ist das Waschen und die chemische Reinigung des Azetylens als unentbehrlich zu betrachten, insbesondere, wenn Feinkornkarbid bis 7 mm Korngröße verwendet wird, da dieses eine stärkere Phosphorwasserstoffverunreinigung des erzeugten Azetylens bedingt.

Der **Wäscher** hat den Zweck, das im Entwickler erzeugte Gas zu kühlen, von Schwefelwasserstoff und Ammoniak zu befreien und auch den Rückstrom von Gas aus der Glocke zum Entwickler zu verhindern. Das Konstruktionsprinzip des Wäschers (s. Abb. 104) ist fast stets das nämliche; die Gaszuleitung taucht in das Wasser ein, sodaß das Gas hindurchströmt und hierbei Wärme und Verunreinigungen abgibt, bei Rücktritt aber Wasser ansaugen würde.

Der **chemische Reiniger** soll den Phosphorwasserstoff des Azetylens aufnehmen. Die Bauart des Reinigers hängt von der Größe der Anlage ab und der Sorte der Reinigungsmaßen und zwar, ob sie staubförmig oder grobkörnig verwendet werden. Die Gebrauchsregeln sollen nach den technischen Beschreibungen des liefernden Werkes angewendet werden.

6. Sicherheitswasservorlagen.

Eine Sicherheitswasservorlage schützt den Azetylensammler vor Rückschlägen der Flamme und soll daher direkt vor dem Azetylenbrenner eingeschaltet und mit ihm durch einen Schlauch verbunden werden. Sie ist zwar nicht amtlich vorgeschrieben, doch bleibt sie die einzig zuverlässige Einrichtung zum Schutze der Azetylenapparate gegen Gefahren, die von einer Stichflamme drohen. Die Vorlage soll auch den Rücktritt von Sauerstoff in die Azetylenleitung und das Einsaugen von Luft in den Azetylenapparat durchaus verhüten. Die Anordnung der Wasservorlage ist auf Bild 105 angegeben. Der Behälter wird durch Wasser von oben gefüllt. Bei Gasmangel wird durch das Füllrohr soviel Luft angesaugt, bis der Gasmangel ausgeglichen ist. Infolgedessen kommt die Luft nur in den Brenner und nicht in den Azetylensammler. Durch Abzapfen am Probierhahn kann die Wasservorlage kontrolliert werden, wobei der Gashahn geschlossen sein muß. Auch die Prüfung dieses Apparates erfolgt durch den Deutschen Azetylen-Verein, bezw. durch den Deutschen Azetylen-Ausschuß und wird durch Zeugnis festgestellt.

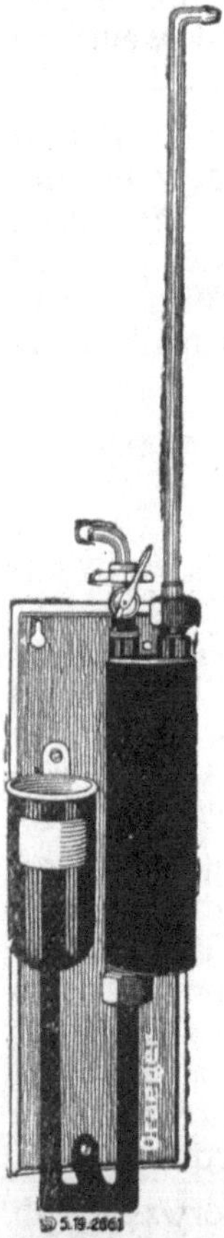

Abbildung 105. Anordnung einer Wasservorlage.

7. Gelöstes Azetylen (Dissousgas)

Wie schon erwähnt, verursacht die Verdichtung des Azetylens große Schwierigkeiten, da schon bei 2 Atm. Druck die Gefahr der Explosion besteht. Um große Mengen von Azetylen in Stahlflaschen aufbewahren zu können, benutzt man die Eigenschaft des Azetylens, sich in Azeton (farblose Flüssigkeit) zu lösen. Ein Liter Azeton löst bei atmosphärischem Druck und 15 ^{0} C. 24 Liter Azetylen; bei 12 Atm. Druck etwa 300 Liter Azetylen; bei Atmosphärendruck und einer Temperatur von —80° C. kann ein Liter Azeton mehr als 2000 Liter Azetylen aufnehmen. Im allgemeinen rechnet man, daß reines und trockenes Azetylen unter 10 – 15 Atm. Druck in die mit Azeton gefüllten Stahlflaschen eingepreßt werden kann. Ein Liter der Stahlflaschen faßt bei 10 Atm. 100 Liter Azetylen, bei 15 Atm. 150 Liter Azetylen, usw. (in Deutschland zugelassener Höchstdruck 15 Atm.) Die Lösung explodiert auch bei hohem Druck nicht; die über der Flüssigkeit befindlichen Dämpfe von Azetylen sind jedoch explosiv; um die Ansammlung dieser Dämpfe zu vermeiden, füllt man die Stahlflaschen mit einer porösen Masse. Azetylen wird durch ein Druckminderventil aus der Flasche entnommen, wobei eine Sicheitswasservorlage nicht notwendig ist. Bei starker Gasentnahme wird Azeton in kleineren oder größeren Mengen von Azetylen mitgerissen, weshalb es ratsam ist, mehrere Gasflaschen zusammenzuschließen.

XII. Flüssige Brennstoffe.

Für das Autogenverfahren kommen folgende flüssige Brennstoffe zur Verwendung: Benzol und seine höheren Homologen, Toluol, Xylol, Solventnaphta, ferner Benzin, Gasolin, Ligroin, Schwerbenzin, Naphta-Petroleum usw. In folgender Tabelle sind die spezifischen Gewichte, Siedepunkte und Heizwerte dieser Brennstoffe angegeben.

Tabelle XVI.

	Spezifisches Gewicht bei 15°	Siedetemperatur Grad C	Höchster Heizwert WE	Niedrigster Heizwert WE
Benzol C_6H_6	0,885	80,4	10 000 (Benzol bis Solventnaphta)	9 590
Toluol	0,871	100—120		
Xylol	0,874	120—145		
Solventnaphta	0,874—0,910	145—175		
Benzin (Leicht-)	0,69—0,71	80—110	11 000	9 800
Ligroin	0,71—0,73	120—135	11 000	10 400
Naphta-Petroleum	0,79—0,82	200—250	11 000	9 900

Der Siedepunkt ist nicht von Bedeutung, da man bei sehr hoch siedenden Brennstoffen, wie Petroleum, zweckmäßigerweise 25–30% Benzol oder Benzin zusetzen soll. Chemische Verunreinigungen sind in allen Fällen unerwünscht, da ein hoher Schwefelgehalt die Schweißstelle brüchig macht, und ein Naphtalin- oder Teergehalt die Vergaserpackung verstopft. Die praktisch verwendbaren Brennstoffe sind: gewöhnliches 90%iges Handelsbenzol.

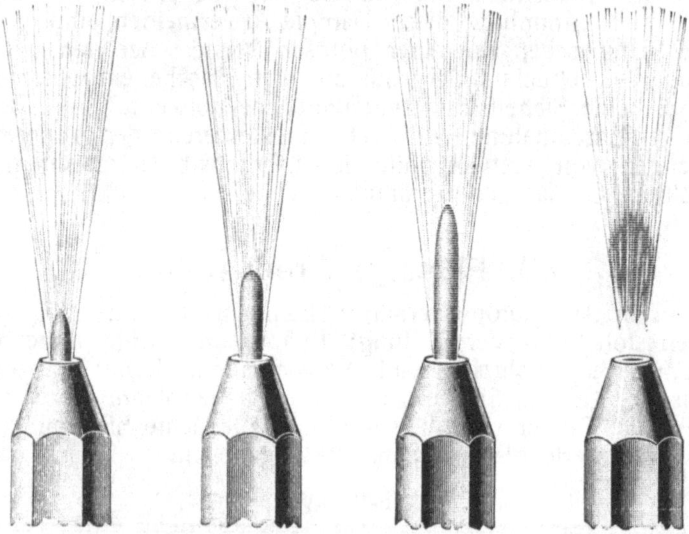

Abbildung 106. Die Benzolschweißflammen.

Brennstoffmangel	Richtiger Brennstoffgehalt	Mäßiger Brennstoffüberschuß	Starker Brennstoffüberschuß
Kurzer, spitzer fahlblauer, sehr heißer Kegel, das Eisen wird verbrannt.	Mittellanger, blaugrüner, heißer Kegel. Beste Schweißflamme.	Sehr langer, fahlgrüner Kegel. Beste Hartlötflamme.	Flamme im Augenblick des Abreißens. Flammenbasis schwach leuchtend.

soweit es schwefelarm und naphtalinfrei ist und normaler Schwerbenzin (spezifisches Gewicht 0,75 – 0,77). Die Brennflamme von Benzol hat eine Temperatur von ca. 3000°, was für die Schweißung von Blechen bis 20 mm Stärke genügend erscheint. Schneiden mit flüssigen Brennstoffen ist bei jeder Blechstärke möglich, da, wie schon früher erwähnt, das zu zerschneidende Stück nur bis auf die Temperatur der Entzündung des Eisens in Sauerstoff (1350°) gebracht zu werden braucht.

Die Flamme von Benzol ist der Azetylenflamme ähnlich. Wenn die Schweißflamme richtig eingestellt ist, soll der Kegel mittellang und blaugrün sein. Bei Brenstoffmangel wird der Kegel kurz, spitz und fahlblau, bei Brennstoffüberschuß sehr lang und fahlgrün. (S. Abb. 106.)

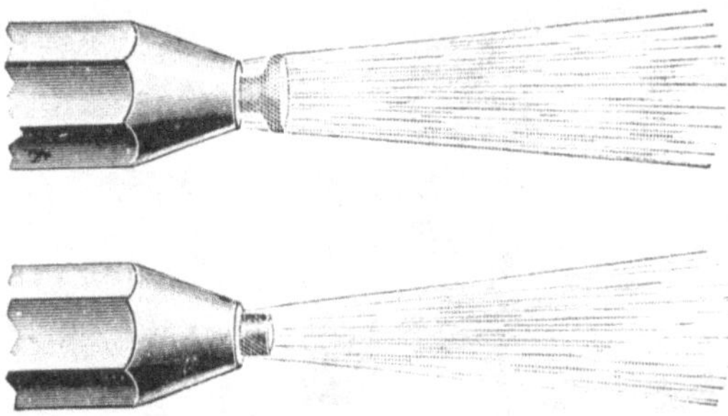

Abbildung 107. Die Benzolschneidflammen.

Der Brennstoffgehalt der Schneidflamme kann etwas geringer sein, als derjenige der Schweißflamme. Bei richtig eingestellter Sauerstoffmenge nimmt die Schneidflamme (bei abgeschlossenem Schneidsauerstoff) Pilzform an. In Abb. 107 ist oben die richtige Form der Schneidflamme und unten die Form bei Sauerstoffmangel gezeigt.

Eine vollständige Anlage für Schweißen und Schneiden mittels Sauerstoff und flüssiger Brennstoffe zeigt Abb. 108. Diese Anlage ist von Ingenieur Fernholz konstruiert. Sauerstoff wird aus einer Sauerstofflasche nach Oeffnen des Verschlußventils durch Druckminderventil und Gummischlauch dem Brenner zugeführt Als Brennstoffbehälter wird ein Druckgefäß von ca. 6 Liter Inhalt verwendet. Die Anordnung dieses Druckgefäßes ist aus Abb. 109 ersichtlich. Nach der Entfernung der Verschlußmutter (40) des Brennstoffauslasses (41), schließt hier der Brennerschlauch (20) mit einer Ueberwurfmutter (42) fest an und verbindet den freien Gewindestutzen (43) des Brennerschlauches mit dem Reduzierventil durch

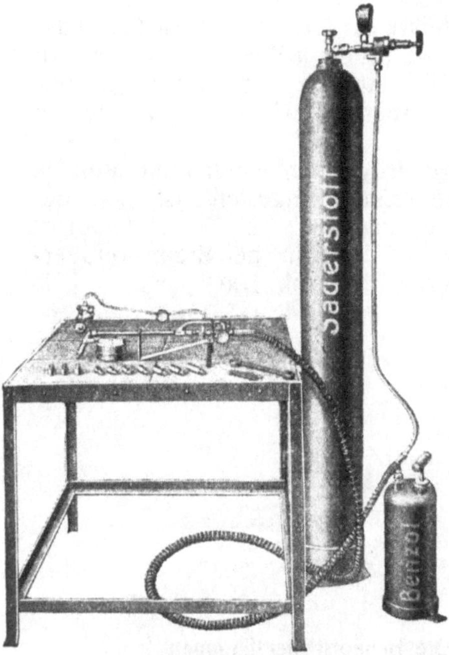

Abbildung 108.
Anlage für Benzolschneiden.

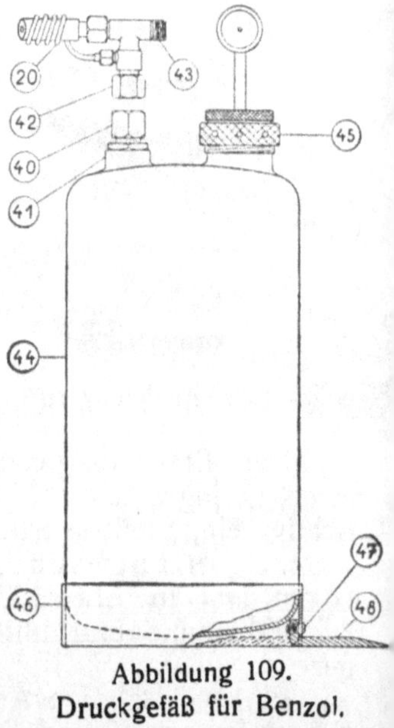

Abbildung 109.
Druckgefäß für Benzol.

den Flaschenschlauch. Nachdem der Brennstoffbehälter ungefähr auf 2/3 des Raumes gefüllt ist, wird die Luftpumpe (45) in Tätigkeit gebracht, und der Behälter durch einige Pumpenstöße unter Druck gesetzt. Die Brennstoffleitung, die als Metallrohr um den Gummischlauch gewickelt ist, führt vom Brennstoffbehälter zum Brenner.

Auf Abb. 110 ist ein Schweißbrenner ersichtlich, bei welchem das hintere Griffstück (21), an welches der Brennerschlauch (20) angeschlossen ist, die Regelorgane für Sauerstoff und Brennstoff trägt. Handrad 1 dient zur Regelung und Absperrung des Sauerstoffes, Handrad 2 desgleichen für

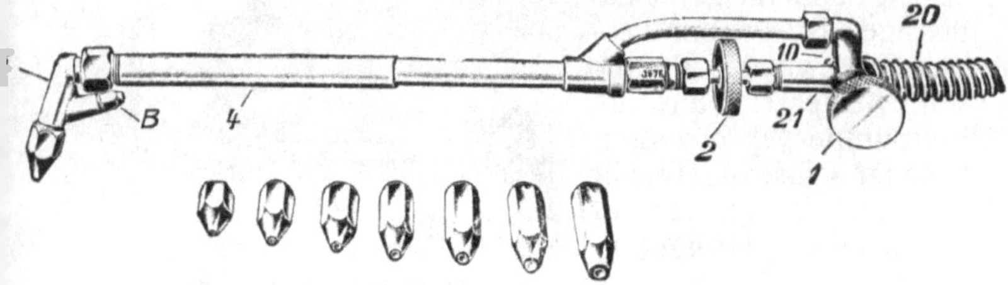

Abbildung 110. Schweißbrenner für flüssige Brennstoffe.

den Brennstoff. Im rohrförmigen mittleren Teil (4) des Brenners findet die Vergasung des flüssigen Brennstoffes statt, der sich im Brennerkopf (6) mit dem Sauerstoff mischt. Als Wärmequelle für das Verdampfen dient die kleine von der Hauptflamme abgezweigte Hilfsflamme B, deren Größe sich automatisch den verschiedenen Mundstücken anpaßt. An den Schweißbrennerkopf (6) passen alle Mundstücke zum

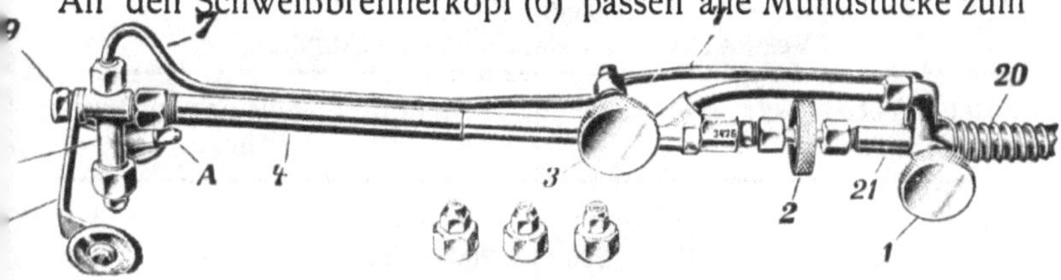

Abbildung 111. Schneidbrenner für flüssige Brennstoffe.

Schweißen und Hartlöten. Der Arbeitsdruck am Manometer (14) ist für alle Schweißungen gleich und beträgt ca. 3 Atm. Die Flammeneinstellung erfolgt ausschließlich durch die Ventile am Brenner selbst, die die einzigen Absperrungen des ganzen Apparates sind.

Auf Abbildung 111 ist ein Schneidbrenner ersichtlich, bei welchem Handrad 3 die Absperrung des Hauptdrucksauerstoffes unabhängig von Handrad 1 ermöglicht. Der Schneidsauerstoff wird durch das Rohr (7) zugeführt. Das Vorwärmen für das Verdampfen erfolgt durch die Hilfsflamme A.

Auf Abbildung 112 ist eine Schneidelampe für flüssige Brennstoffe ersichtlich, wo der Brennstoffbehälter (1) und die Luftpumpe (2) auf dem Brenner selbst angebracht sind. Das Vorwärmen des Brennstoffes erfolgt in Rohr 3 durch die Vorwärmedüse (4). Zum Brennerkopf (5) paßt eine Anzahl von Schneidedüsen. Brennstoffregulierung erfolgt durch das Handrad (7), Schneidsauerstoffabsperrung durch Handrad (8), Heizsauerstoffregulierung durch das Handrad (9).

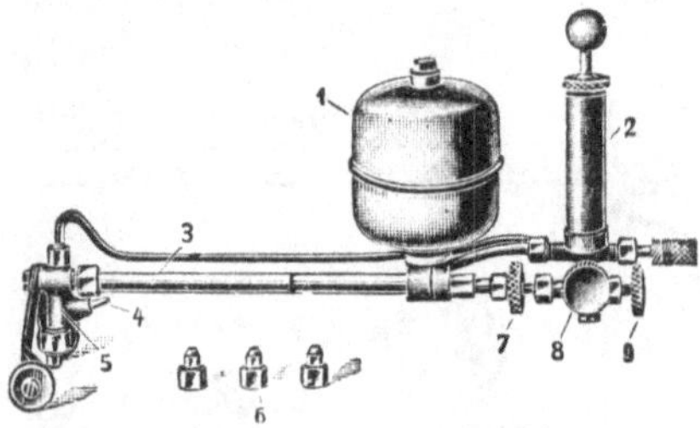

Abbildung 112. Schneidlampe für flüssige Brennstoffe.

Die Leistungen und Verbrauchszahlen der verschiedenen Schweißstärken beim Schweißen der Eisenbleche sind in nachstehener Tabelle angegeben:

Tabelle XVII.
Verbrauch und Leistungen pro Stunde.

Düsen Nr.	Blechstärke in mm	Brennstoff-verbr. i. g.	Sauerstoff-verbr. i. Lt.	Leistung i. Meter	Druck i. Atm.
1	0,5— 1	80— 100	100— 125	8—10	3
2	1— 2	150— 200	200— 250	6— 8	3
3	2— 4	350— 400	450— 500	5— 7	3
4	4— 6	550— 600	700— 750	4— 6	3
5	6— 8	800— 900	1000—1200	3 — 4	3
6	8—11	1000—1200	1250—1500	2— 3	3
7	11—14	1400—1600	1700—2000	1,5— 2	3
8	14—17	1800—2000	2300—2500	1—1,5	3

Die entsprechenden Werte beim Schneiden mittels Sauerstoffs und flüssiger Brennstoffe sind in Tabelle XX angegeben (s. Kapitel XIV).

XIII. Die Sicherheitsvorschriften für Sauerstoff und Brenngas.

Beim Arbeiten mit verflüssigten und verdichteten Gasen soll man sich in erster Linie an die polizeilichen Verordnungen halten, die die wichtigsten Anhaltspunkte für die Behandlung der Flaschen und Apparate geben. Als wichtiger Zusatz zu diesen Verordnungen können folgende Vorschriften dienen, die in den Betrieben der A.E.G. Berlin und der Deutschen Werke Spandau erlassen wurden und dem Stande der jüngsten Erfahrung entsprechen (Dräger-Hefte, November 1921).

Vorschriften für das Arbeiten mit verflüssigten und verdichteten Gasen.

Allgemeines.

1. Beim Arbeiten mit verflüssigten uud verdichteten Gasen ist die größte Vorsicht anzuwenden. Alle gegebenen Vorschriften müssen besonders sorgfältig befolgt werden.

Transport und Lagerung.

2. Beim Transport sind die Flaschen wegen der Explosionsgefahr mit größter Vorsicht zu behandeln und besonders vor Stößen zu schützen.
3. Gefüllte Flaschen — und bei Azetylen auch die leeren — sind gegen Sonnenbestrahlung und Wärme zu schützen (Heizkörper, Oefen usw.).
4. Stehende Flaschen sind durch Ketten oder Schellen gegen Umfallen zu schützen und bei wechselnden Verbrauchsstellen auf den Transportwagen zu befestigen. Beim Hinlegen der Gasflaschen darf nie das Druckverminderungsventil als Handgriff benutzt werden.

Gasflaschen.

5. Sie sind zur äußeren Kennzeichnung ihres Inhalts mit einem farbigen Ring versehen, und zwar:

Sauerstoff,	blau,
Wasserstoff,	rot,
Azetylen,	weiß.

6. Auf den Gasflaschen muß der Tag der letzten Druckprobe vermerkt sein. Sind mehr als fünf Jahre seitdem verflossen, so ist die Wiederholung der Druckprobe zu veranlassen.

7. Sie sind stets mit Ueberwurfmutter, Kappe und geschlossenem Ventil zurückzusenden.

Ventile.

8. Ausbesserungen und Veränderungen an den Flaschen- und Druckverminderungsventilen dürfen nicht eigenmächtig vorgenommen werden. Treten Störungen auf, so ist die Arbeit sofort zu unterbrechen und Flasche und Druckverminderungsventil an die zuständigen Stellen zur Instandsetzung zurückzugeben.

9. Das Anschlußgewinde der Flaschenventile ist bei Sauerstoff Rechtsgewinde und bei Wasserstoff und Azetylen Linksgewinde. Beim Anschrauben der Druckverminderungsventile ist hierauf zu achten.

10. Eingefrorene Flaschenventile sind mit heißem Wasser, nie mit offener Flamme, aufzutauen.

11. Druckverminderungsventile werden mit den gleichen Farben wie die Gasflaschen bezeichnet. Vor der Benutzung müssen die Dichtungsscheiben nachgesehen und beschädigte ausgewechselt werden. Beim Anschrauben des Druckverminderungsventils an das Flaschenventil darf das Manometergehäuse nicht als Handhabe benutzt werden. Ventile, deren Manometer nachsteigen oder sonst nicht in Ordnung sind, müssen an zuständiger Stelle nachgesehen werden.

Sicherungseinrichtungen.

12. Druckverminderungsventile für Sauerstoff müssen mit einem Ausbrennschutz zur Ableitung der Verdichtungswärme versehen sein. Wo dieser noch nicht vorhanden ist, ist vor dem Oeffnen des Flaschenventils die Druckregulierschraube leicht anzuziehen, bis der Gegendruck der Spannfeder fühlbar wird. Hierdurch bleibt eine feine Oeffnung für den Durchgang des Sauerstoffs, und Erwärmungen werden vermieden.

13. Fett- und ölhaltige Dichtungs- und Schmiermaterialien sowie brennbare Dichtungsstoffe dürfen an keinem Teile der Flaschen- und Druckverminderungsventile verwendet werden.

Kleine Oelreste können auch bei geringem Druck der ausströmenden Gase zu schweren Explosionen Veranlassung geben.

14. Zur Verhinderung des Durchganges von Explosionen, die von der Brennerseite kommen, sind Schutzpatronen vorzusehen. Sie werden ebenfalls farbig bezeichnet, und zwar für Sauerstoff blau und für Wasserstoff und Azetylen rot. Sie sind zwischen Schlauch und Druckverminderungsventil einzufügen*).

Schläuche und Brenner.

15. Schläuche zur Verbindung zwischen Druckverminderungsventilen und Brennern müssen mindestens 3 m lang sein. Für Sauerstoff bis 15 Atm. Arbeitsdruck sind schwarze Schläuche von etwa 8 mm lichte Weite und für Wasserstoff und Azetylen bis 5 Atm. Arbeitsdruck rote Schläuche von etwa 10 mm leichte Weite zu nehmen. Neue Schläuche sind vor der Benutzung durch Ausblasen von Staub zu reinigen.

16. Die Befestigung der Schläuche muß eine sichere sein und darf nur durch Verschraubungen, Schlauchbinden oder mit geglühtem Eisendraht erfolgen.

17. Brenner sind mit besonderer Sorgfalt zu behandeln. Durch häufiges Zurückschlagen der Flamme kann der Brenner verrußen. Er ist dann sorgfältig zu reinigen.

Arbeiten mit Gasflaschen.

18. Vor Inbetriebsetzung einer Schweiß- oder Schneidanlage sind die Flaschenventile kurzzeitig zu öffnen, damit anhaftende Schmutzteile ausgeblasen werden. Es ist zu vermeiden, während des Ausblasens vor das Ventil zu treten.

19. Das Flaschenventil ist langsam, nicht ruckweise zu öffnen.

---

*) S. Abb. 83, 84.

20. Nach Anschluß des Druckverminderungsventils ist die Probe auf Dichtigkeit auszuführen, und zwar:
   a) Schließen des Ausgangsventils am Druckverminderungsventil und Herausschrauben der Druckregulierschraube, bis die Feder hinter dieser Schraube keine Spannung mehr hat.
   b) Oeffnen des Flaschenventils, bis das Manometer den Flaschendruck anzeigt.
   c) Schließen des Flaschenventils und Beobachten des Manometers.

   Fällt das Manometer, so sind Undichtigkeiten vorhanden, die sich entweder durch Zischen oder bei aufgestrichenem Seifenwasser durch Blasenbildung bemerkbar machen. Gewöhnlich ist die Verbindung zwischen Druckverminderungs- und Flaschenventil nicht fest genug angezogen.

21. Das Nachziehen von Verschraubungen bei geöffnetem Flaschenventil ist verboten, da beim Zerspringen der Verschraubung das Gas mit starkem Druck ausströmt und sich entzünden kann.

22. Schläuche dürfen nicht geknickt und nicht dem Funkensprühen ausgesetzt werden.

23. Zum Anzünden sind Cereisenfeuerzeuge zu benutzen.

24. Beim Zurückschlagen der Flamme sind sofort alle Brennerhähne während einiger Sekunden zu schließen.

Schutzkleidung.

25. Farbige Schutzbrillen, Asbest-Handschuhe, Leder- oder Asbest-Schürzen, Gamaschen und Holzschuhe müssen entsprechend der Arbeit benutzt werden.

26. An den Arbeitsstellen sind Feuerlöschapparate, wie Wasserspritzen, Sandkasten mit Schaufel und Löschdecken bereitzuhalten.

27. Sind die Kleider einer Person in Brand geraten, so muß sich diese sofort hinwerfen und herumwälzen. Durch Ueberwerfen der Löschdecke oder eines Kleidungsstückes sind die Flammen zu ersticken.

XIV. Die Kalkulation des Schweißens und Schneidens.

1. Lichtbogenschweißung.

Die elektrischen Schweißmethoden besitzen den Vorteil, die Teile der zu verbindenden Stücke da zu treffen, wo die Schweißverbindung erfolgen soll, ohne daß größere Massen

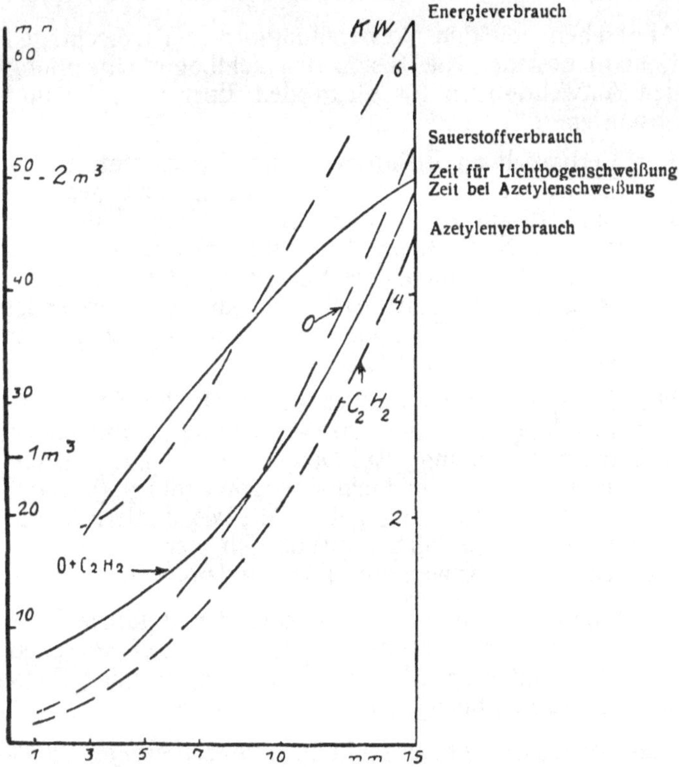

Abbildung 113 Verbrauchsdiagramm für Lichtbogen- und Azetylenschweißung.

und Flächen unnütz erwärmt werden. Der elektrische Strom wird dabei theoretisch verlustlos bis an die Stelle geführt, wo er sich in Schweißwärme umsetzen soll. Der elektrische Strom wird hier rein örtlich im Schweißstück von innen heraus in Wärme verwandelt gegenüber allen anderen Schweißmethoden, bei welchen die Schweißwärme von einer äußeren Quelle aus auf das Schweißgut übertragen werden muß. Die wirtschaftlichen Vorteile des elektrischen Schweißens treten aber etwas zurück, wenn die Anschaffungskosten und deren Abschreibung und Verzinsung berücksichtigt werden.

Abgesehen von den Vorbereitungsarbeiten (Abschrägen von Kanten) bestehen die Kosten der Lichtbogenschweißung aus den Aufwendungen für Elektroden, Energie, Lohn und Betriebskosten.

Der Verbrauch an Elektroden setzt sich zusammen aus dem in der Schweiße abgelagerten Material und aus den Verlusten an verbranntem und verspritztem Material und den Stummelenden. Die Schmelzablage läßt sich aus dem Querschnitt der Naht berechnen; der Verlust ergibt sich zu 20% der Schmelzablage. Falls nackte Elektroden verwendet werden, können die Elektrodenkosten auf 75—80% der Energiekosten geschätzt werden.

Der Energieverbrauch richtet sich nach den Stromverlusten der Anlage und der zur Anwendung kommenden Stromstärke und Spannung. Auf Diagramm 113 sind Energie- und Zeitverbrauch für die Lichtbogenschweißung (V-Naht) von Blechen bis 15 mm angegeben, die als mittlere Werte zu betrachten sind. Die Kalkulation soll sich aber nach den genauen Daten der zur Anwendung kommenden Anlage richten.

Die Lohnkosten ergeben sich aus der Zeitdauer der Schweißung, welche von der Menge des abzulagernden Schweißgutes, und dem zur Anwendung kommenden Elektrodendurchmesser abhängig ist.

Die Betriebskosten einschließlich Abschreibung 20% und Verzinsung 5% können bei normal belasteten Betrieben auf 75—80% der Lohnkosten geschätzt werden. Die Lohn- und Betriebskosten machen den größten Teil der gesamten Selbstkosten aus und betragen bei den jetzigen Verhältnissen zusammen ca. $^2/_3$ derselben.

2. Widerstandsschweißen.

Die Kosten der Widerstandsschweißung setzen sich zusammen aus Energie-, Lohn- und Betriebskosten.

Die mittleren Werte des Zeit- und Energieverbrauches beim Stumpfschweißen von offenen Eisenteilen sind in folgender Tabelle angegeben:

Tabelle XVIII.

1. Querschnitt in qmm	20	40	50	100	200	300	500	1000	2000	3000	5000
2. Leistung in KW	1	2	2,5	4,5	8	12	20	40	70	100	150
3. Energieverbrauch für 100 Schw. in Kw/St.	0,04	0,16	0,25	0,75	2,7	7	17	67	235	415	960
4. Zeit in Sekunden	1,5	3	3,5	6	12	18	30	60	120	150	230

Die mittleren Werte des Zeit- und Energieverbrauches bei Punkt- und Nahtschweißung sind aus der Abbildung 114 ersichtlich.

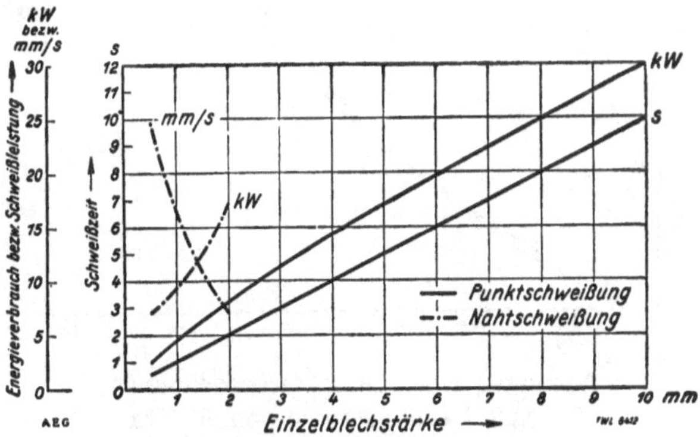

Abbildung 114. Verbrauchs-Diagramm für Punkt- und Nahtschweißung.

Die angegebenen Werte können jedoch nicht ohne weiteres zur Kalkulation benutzt werden, da Zeit- und Energieverbrauch in enger Verbindung mit der Größe und Konstruktion der Schweißmaschine stehen. Der Energieverbrauch bei Stumpfschweißung ist z. B. von dem Abstand der Backen abhängig und umso geringer, je kleiner dieser

Abstand ist. Bei der Kalkulation muß man sich aus diesen Gründen nach dem genauen Charakteristik-Diagramm der betr. Maschine richten. Ein solches Diagramm für eine Stumpfschweißmaschine von 40 Kva. ist auf Abbildung 115 ersichtlich.

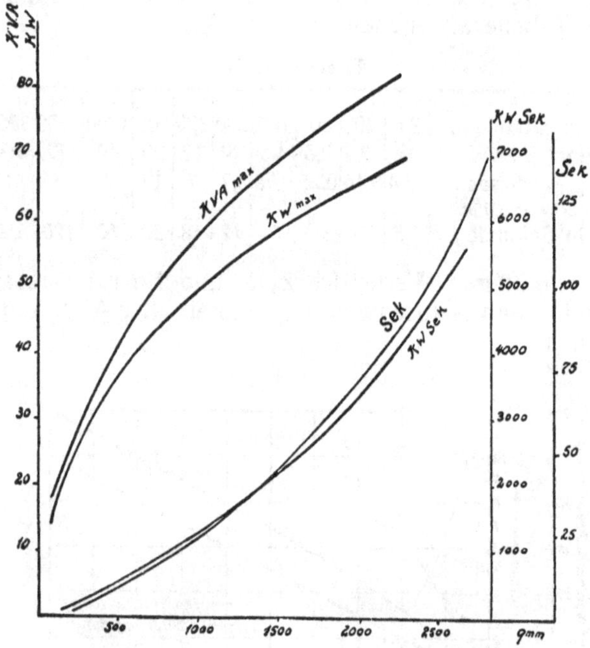

Abbildung 115. Charakteristik für eine Stumpfschweißmaschine von 40 Kva.

Was die Betriebskosten anbetrifft, so ist es in diesem Falle schwierig, eine Zahl auch nur annähernd anzugeben, da die Widerstandsschweißung bei vielen verschiedenartigen Arbeiten angewandt wird.

Der Anschaffungspreis einer Anlage ist ziemlich hoch; bei Massenfabrikation jedoch macht die Belastung durch die Abschreibungskosten pro Stück nicht viel aus.

3. Autogenes Schweißen.

Auf Diagramm 113 sind Zeit- und Gasverbrauch der Azetylenschweißung von Eisenblechen bis 15 mm Stärke angegeben. Aus ihm können mittlere Werte der aufzuwendenden Zeit und des Gasverbrauches entnommen und zur Kalkulation der Energie- und Lohnkosten der Azetylenschweißung verwendet werden. Die Betriebskosten einschließlich Abschreibung (20 %) und Verzinsung (5 %) machen bei den jetzigen Verhältnissen ungefähr 50–60 % der Löhne aus.

Die genaue Kalkulation ist nach den Preisen des Sauerstoffes, Dissousgases oder Karbides vorzunehmen. Man rechnet im allgemeinen, daß 1 kg. Karbid praktisch 250 Liter Azetylen entwickelt. Die Betriebskosten können nach einem gewissen Prozentsatz der Löhne gerechnet werden, wie es im allgemeinen in der Industrie üblich ist, oder in diesem speziellen Falle entsprechend dem Sauerstoffverbrauch.

Die Daten für Wasserstoff-Sauerstoff-Schweißen sind in folgender Tabelle angegeben.

Tabelle XIX.

Blechstärke mm	Minuten für lfd. m	Sauerstoff Liter für lfd. m.	Wasserstoff Liter für lfd. m
1/2	5—6	8—10	30—35
1	6—8	12—18	50—65
2	10—12	30—42	120—150
3	13—16	55—70	240—300
4	17—20	97—140	420—580
5	20—23	135—220	730—950
6	23—26	240—330	1200—1500
7	26—30	340—430	1830—2200
8	30—33	500—600	2530—2950
9	34—37	635—750	3200—3600
10	38—42	825—940	3900—4300

Die Daten für Benzol-Sauerstoff-Schweißung sind in Tabelle XVII angegeben.

Im allgemeinen kann man rechnen, daß bei Blechen bis 4 mm Stärke die Autogen-Schweißung, über 4 mm die Lichtbogenschweißung vorteilhafter ist. Eine genaue Kalkulation sollte in jedem einzelnen Falle gemacht werden, wobei selbstverständlich auch die Abschreibung und Verzinsung der Anlage zu berücksichtigen ist. Letzteres ist bei kleinen Betrieben von besonderer Wichtigkeit. Die Wahl des Verfahrens für die Schweißarbeit wird oft nicht durch die Unkosten, sondern durch die Eigenschaften der Arbeit selbst bestimmt. So ist bei vielen Reparaturen die Lichtbogenschweißung vorteilhafter.

4. Autogenes Schneiden.

In folgender Tabelle sind Zeit- und Gasverbrauch für 1 m Schnittlänge (Eisenbleche) angegeben.

Tabelle XX.

1. Die Stärke des Bleches in mm	2	5	10	25	50	100	150	200	250	300
2. Sauerstoffverbrauch in l	45	75	140	310	600	1350	2300	3350	4400	5800
3. Azetylenverbrauch in l	12	15	18	28	45	80	100	135	180	250
4. Wasserstoffverbrauch in l	55	70	85	130	200	335	380	425	500	750
5. Benzolverbrauch in gr	12	15	20	32	45	80	120	160	210	250
6. Zeit in Min.	3	3	4	5	6	8	9	11	13	15
7. Druck des Sauerstoffes in Atm.	1,5	2	2,5	3,5	4,75	8	10,5	12	12,70	13

Die angegebenen Daten entsprechen einem Sauerstoffgehalt von 98%. Ein niedrigerer Gehalt führt zu starker Erhöhung des Verbrauches an Sauerstoff, besonders beim Schneiden mit flüssigen Brennstoffen, bei welchen die Reinheit des Sauerstoffes eine besondere Rolle zu spielen scheint.

Die Hauptsache für billige Ausführung des autogenen Schneidens sind die Selbstkosten des Sauerstoffs, welche sich durch Selbsterzeugung stark verbilligen, da hierbei eine große Ersparnis an Stahlflaschen und an Transportkosten entsteht. Die Auswahl des Brennstoffes für Vorwärmen spielt eine untergeordnete Rolle; seine Wahl wird öfter nach Bequemlichkeitsbedingungen bestimmt.

Die Praxis hat gezeigt, daß die angegebenen Daten bei Aussenarbeiten um 25—35% erhöht werden, je nach Entfernung des Arbeitsplatzes, da Störungen in Leitungen, eine nicht richtige Einstellung der Düsen u. a. Vorgänge den Gasverbrauch stark vergrößern können.

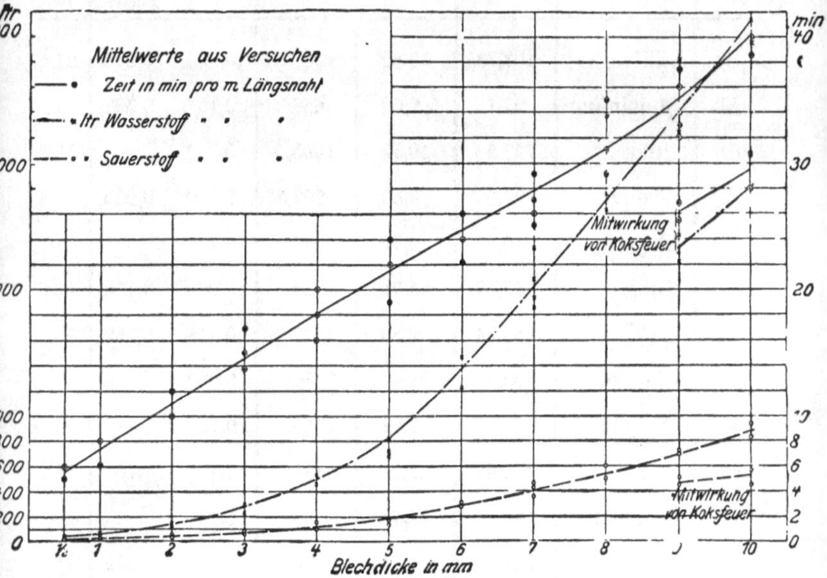

Abbildung 116. Verbrauchsdiagramm für Schneiden mit Wasserstoff und Sauerstoff.

Auf Abb. 116 sind die Zeiten und der Gasverbrauch für Schneiden mit Wasserstoff und Sauerstoff bis 10 mm Blechstärke angegeben.

Die Anwendung des Lichtbogens zum Vorwärmen beim autogenen Schneiden ist theoretisch möglich. Die angestellten Versuche haben auch die praktische Anwendungsmöglichkeit erwiesen. Brauchbare Apparate sind jedoch gegenwärtig noch nicht auf dem Markte.

Tabelle physikalischer

Chemisches Symbol	Name des Metalles	O = 16 Atomgewicht	Spezifisches Gewicht bei mittlerer Temperatur	Schmelzpunkt °C	Spezifische Wärme bei etwa 15° C	Spezifische Wärme in der Nähe des Schmelzpunktes	Schmelzwärme
Ag	Silber	107,88	10 50	961,5	0,055	0,076	21
Al	Aluminium	27,1	2,60	657	0,167	0,308	77
Au	Gold	197,2	19,32	1063,5	0,030	—	12,6
Bi	Wismut	209,0	9,80	267,5	0,030	0,030	12,4
Cr	Chrom	52,0	6,50	1515	0,104	—	—
Cu	Kupfer	63,57	8,93	1084	0,086	0,118	42,0
Fe	Eisen chem. rein	55,84	7,86	1550	0,116	0,162	30
Ir	Iridium	193,1	22,42	2340	0,030	0,040	—
Mn	Mangan	54,93	7,42	1245	0,122	—	—
Ni	Nickel	58,68	8,9	1484	0 109	0,161	4,6
Os	Osmium	190,9	22,48	2740	0,031	—	—
Fb	Blei	207,1	11,37	326,9	0,030	0,034	5,4
Pt	Platin	195,2	21,15	1760	0,032	0,046	27,2
Rb	Rubidium	85,45	1,52	38,5	—	—	—
Rh	Rhodium	102,9	12,1	1920	0,058	—	—
Sb	Antimon	120,2	6,62	630,5	0 048	0,054	—
Sn	Zinn	118,7	7,29	232	0,055	0,059	13
W	Wolfram	184,0	19,1	3000	0,034	—	—
Zn	Zink	65,37	7,1	419	0,093	0,122	28,0

*) Für Schweißzwecke bearbeitet nach Wüst, Hütte, Kohlrausch und Büchner.
**) Wo zwei Zahlen angegeben sind, bezieht sich die obere auf das ausgeglühte, die

Eigenschaften der Metalle.*)

Gesamt-Schmelzwärme	Wärmeleitfähigkeit bei 18°	Mittlerer linearer Ausdehnungskoeffizient von 1 bis 100°	Schwindungskoeffizient in %	Absolute Festigkeit kg/mm² **)	Härte	1000 m 1 mm² Elektrischer Widerstand	Elektrische Leitfähigkeit bei 0° C
81,7	1,006	0,000019	—	10 / 30	2,5 / 3	15	679 000
223	0,48	0,000023	1,8	12 / 24	2	28	324 000
44,52	0,70	0,000014	—	7—8 / 28	2,5	21	461 000
21	0,02	0,000013	—	—	2,5	1080	9 260
—	—	—	—	—	—	—	—
154	0,89	0,000017	1,25	20 - 24 / 24—35	2,5 / 3	16,7	620 000
282	0,14	0,000012	1,0	—	4 / 5	76	83 600
—	0,34	0,000007	—	—	6	—	—
—	—	—	—	—	—	—	—
205	0,14	0,000013	1,0	—	—	70	85 000
—	—	0,000007	—	—	—	95	105 300
16	0,08	0,000029	1,1	1,2	1,5	195	50 400
109	0,17	0,000009	—	28	4,3	108	92 400
—	—	—	—	—	—	—	—
—	0,30	0,000009	—	—	—	—	—
—	0,04	0.000017	—	—	3,3	380	27 100
27	0,14	0,000023	0,8	3,5—4	1,5	100	76 600
—	—	—	—	—	—	—	—
73	0,26	0,000029	1,6	22—25 / 15—20	—	62	165 000

untere auf das kalt bearbeitete (kalt gehärtete) Metall.

Literatur-Nachweis.

a. Bücher.

1. Bothe, A., Das Kupfer-Schweißverfahren, insbesondere bei Lokomotiv-Feuerbüchsen 1923.
2. Carpmael H., Electric Welding and Welding Appliance 1921.
3. Eckermann, N., Die Anwendung der autogenen und der elektrischen Schweißung beim Bau und bei der Ausbesserung von Dampfkesseln und Dampffässern. 1924.
4. Hoehn, E., Ueber die Festigkeit elektrisch geschweißter Hohlkörper. 1924.
5. Holslag, C. J., Arc Welding Handbook. 1924.
6. Horner, H. A., Spot and Arc Welding. 1920.
7. Kagerer, Das autogene Schweißen und Schneiden mit Sauerstoff.
8. Kautny, T., Handbuch der autogenen Metallbearbeitung.
9. — Leitfaden für Azetylenschweißer. 1922.
10. Lavroff, S. I., Разборка судов. (Abwracken von Schiffen) In russ. Spr. 1924.
11. — Сварка и автогенная резка металлов. (Schweißen und autogenes Schneiden von Metallen) In russ. Spr. 1925.
12. — Soudure électrique. 1924.
13. Lebrun, M., La soudure électrique à l'arc. 1919.
14. Ludwig, Der Azetylen-Sauerstoff-Schweißbrenner. 1912.
15. Neese, H., Wirtschaftliche Betrachtung der elektrischen Lichtbogenschweißung. 1922.
16. Niese, H., Das autogene Schweiß- und Schneidverfahren. 1920.
17. Owens. J. W., Fundament of Welding. 1923. Ohio Cleveland.
18. Schimpke, P., Die neueren Schweißverfahren. 1922.
19. Schimpke, P. u. Horn, H., Praktisches Handbuch der gesamten Schweißtechnik. B. I. Autogene Schweiß- und Schneidtechnik. 1924.
20. Viall, E., Electric Welding. 1922. New-York.
21. Zemke, P., Autogenes Schweißen und Schneiden. 1923.

b. Zeitschriften.

1. Azetylene and Welding Journal, London.
2. Azetylene Journal, New-York.
3. Autogene Metallbearbeitung, Düsseldorf.
4. Canadian Welding Journal, Toronto.
5. Dräger-Hefte, Lübeck.

6. Industrial Gases, London.
7. Iron Age.
8. Journal of the American Welding Society.
9. Journal of the Instition of Electrical Egs., London.
10. Revue de la Soudure Autogène, Paris.
11. Schmelzschweißung, Hamburg, Hanseatische Verlagsanstalt
12. Welding Engineer, New York.
13. Zeitschrift für komprimierte und flüssige Gase.

c. Abhandlungen.

1. Achenbach, F., Elektroschweißung im Schiffbau, Schiffb. XXIII, Nr. 44, s. auch Jahrb. v. Schiffb. techn. Gesellsch. 24. Bd., S. 126.
2. — Elektr. und Schmelzflammenschweißung usw., Stahl und Eisen, 42. Jahrg., S. 1712 u. 7.
3. — Zur Wertung der Schweißverfahren, Schmelzschweißung 1924, Nr. 3, auch Nr. 23/24, 1923.
4. — Geschweißte Schiffe, Schiff.-Ztg. 1924, Nr. 82/83.
5. — Die Lichtbogenschweißung bei der Fabrikation von Behältern und Dampfkesseln. „Die Wärme", Nr. 16/17, 1923.
6. — Elektrisch geschweißter Tankleichter, Schiffbau, 25. Bd., S. 16.
7. — Lichtbogenschweißung von Gußstücken, Gi[illegible]ei-Ztg. 1924, Nr. 19.
8. — Schweißtransformatoren, Autogene Metallbearbeitung, 1923.
9. — Ueber Lichtbogenschweißung, Elektrotechniker 1923, Nr. 25.
10. Bach u. Baumann, Versuche mit autogen geschweißten Blechen und Kesselteilen, Forschungsarbeit d. V. D. I., Nr. 83/84, 1910.
11. Diegel, C., Versuche über die Beanspruchung des Materials geschweißter zylindrischer Kessel. Forschungsarbeit d. V. D. I., Heft 2, 1920.
12. — Beschaffenheit des Flußeisens für gute Schmelzflammenschweißung. Forschungsarbeit d. V. D. I., Nr. 246, 1922.
13. — Elektrische und Schmelzflammenschweißung unter Berücksichtigung von Schweißdrähten mit Umhüllung. Stahl und Eisen 1922, S. 1311.
14. Füchsel, Zur Bewertung der elektrischen Widerstandsschweißung nach dem Stumpfschweiß- und Abschmelzverfahren Glasers Annalen 1924, Nr. 1124.
15. Hoehn, S., Versuche mit autogen geschweißten Kesselblechen. Jahresbericht 1914, des Schw. Vereins.
16. — Versuche mit autogen und elektrisch geschweißten Kesselteilen. Jahresbericht, 1921, des Schweizer. Vereins von Dampfkesselbesitzern.

17. Kjellberg, O., Kjellbergsche Schweißung und deren Verwendung bei Schiffsneubauten. Autogene Metallbearbeitung 1920, Hefte 23, 24; 1921, Hefte 1, 2, 4, 5.
18. Lavroff, S. I., Abwracken von Schiffen. Schiffahrt-Jahrb. 1925.
19. Meerbach, K., Eine Umwälzung im Schiffskesselbau Stahl und Eisen, 1921, Nr. 46.
20. Neese, H., Elektrische Schweißung von Graugußstücken. Die Gießerei, 1921, Heft 24.
21. Sauer, J., Die Ausnutzung der elektrischen Energie für Schweißzwecke, Werkstattechnik 1913, S. 17.
22. — Elektrisches Schweißen. Der praktische Maschinenkonstrukteur 1919, Nr. 47/48.
23. — Die ncuen Stumpfschweißmaschinen der A. E. G. Die Schmelzschweißung. 1923, Heft 13/14.
24. — Elektrisches Lichtbogenschweißen. Die Schmelzschweißung. 1923, Heft 21/22 und 23/24. 1924, Heft 2.
25. Strelow, W., Die Lichtbogenschweißung und ihre praktische Verwendung im Schiffbau. Schiffbautech. Ges., XXV, Ord. Hauptversammlung.
26. Treuheit, L., Das Schweißen von Stahlguß. Die Gießerei 1921. Heft 24.
27. Wiss, E., Das autogene Schneiden und das Verfahren der Sauerstofferzeugung nach G. Claude. V. D. I. Zeitschrift. 1909, Seite 1417.

d. Einschlägige Bücher über Metallbearbeitung.

1. Büchner, G., Elektrolytische Metall-Abscheidungen. Berlin, M. Krayn. 1923.
2. „Hütte", Taschenbuch. Berlin 1924.
3 Ledebur-Bauer, Die Legierungen in ihrer Anwendung für gewerbliche Zwecke. Berlin, M. Krayn. 1924.
4. Sachsenberg, E., Mechanische Technologie der Metalle in Frage und Antwort. Berlin 1924.
5. Wüst, F., Legier- und Lötkunst. Leipzig 1908.

Sachverzeichnis.

M. Krayn, Verlagsbuchhandlung für techn. Literatur Berlin W 10
Genthiner Straße 39

Die Legierungen in ihrer Anwendung für gewerbliche Zwecke. Ein Hand- und Hilfsbuch für sämtliche Metallgewerbe von **A. Ledebur**, weil. Geh. Bergrat und Professor. Bearbeitet und herausgegeben von Prof. Dipl.-Ing **O. Bauer**, Vorsteher der Abteilung für Metallographie am Materialprüfungsamt zu Berlin-Lichterfelde, Privatdozent an der Techn. Hochschule zu Berlin-Charlottenburg. Sechste Auflage. 424 S. a. Kunstdruckpapier mit 154 Abbildungen. Preis br. 20,—, geb. 23,– Mk.

Metall-Analyse auf elektrochemischem Wege Technische Metalle, Legierungen, Erze, Hüttenprodukte. Von **Dr. A. Hollard**, Chef-Chemiker des Laboratoriums, der „Compagnie Française des Métaux" in Paris und **L. Bertiaux**, Chemiker der „Compagnie Française des Métaux" in Paris. Autorisierte deutsche Ausgabe von **Dr. Fritz Warschauer**. Mit 11 Abbildungen Preis brosch. M. 2,—.

Die galvanischen Metallniederschläge (Galvanostegie u. Galvanoplastik) und deren Ausführung **Vierte neubearbeitete Auflage vou Georg Buchner** und **Dr. Alfred Wogrinz**, mit Abbildungen Preis broschiert M 6,—, gebunden M 8,—.

Temperaturmeßmethoden Handbuch zum Gebrauch bei praktischen Temperaturmessungen von **Bruno Thieme**. Mit 35 Figuren im Text. Preis broschiert M. 3,—

Elektrolytische Metall-Abscheidungen Angewandte Elektrochemie (Galvanostegie u. Galvanoplastik). Wissenschaftliches und praktisches Handbuch für Galvanotechniker, Chemiker, Gewerbetreibende, Industrielle usw. von **Georg Buchner**, selbständ., öffentlicher Chemiker, München, mit Figuren im Text. **Zweite vermehrte Auflage.** Preis broschiert M. 10,—, gebd. M. 12,—.

Das Aetzen der Metalle und das Färben der Metalle Lehrbuch der Oberflächenbehandlung der Metalle und Legierungen für künstlerische, kunstgewerbliche und industrielle Zwecke von **Georg Buchner**, selbständiger, öffentlicher Chemiker in München. **Dritte neubearbeitete Auflage** mit Abbildungen im Text. Preis broschiert M. 5,—.

Die Metallfärbung Handbuch für die chemische, elektrochemische u. mechanische Metallfärbung, nebst einer Darstellung der geschichtlichen Entwicklung derselben von **Georg Buchner**, selbständiger, öffentlicher Chemiker, München. **Sechste, vermehrte u. verbesserte Auflage.** Preis brosch. M. 16,—, gebd. M. 18,—,

Verlag OST-EUROPA,

Berlin W 50, Culmbacher Str. 3. Telefon: Kurfürst 1844.

Herausgabe von Handbüchern über Metallbearbeitung in Deutsch u. Fremdsprachen. Fachmännische Abfassung und vollständige Drucklegung von Prospekten, Sonderdrucken und Propagandasachen in deutscher, russischer, französischer und spanischer Sprache, besonders aus dem Gebiete der Metallbearbeitung u. Schweißtechnik.

Muster nach Wunsch. Verlangen Sie Offerte.